本书得到了国家自然科学基金青年项目（61702161）、河南省科技攻关项目（212102210386，182102210213）、河南省高等学校重点科研项目（18A520003）的资助

 信息化网络平台研究丛书

大数据环境下局部模式挖掘关键技术研究

姜 涛◎著

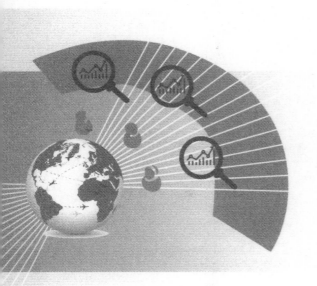

U0255088

RESEARCH ON THE KEY TECHNOLOGY OF
LOCAL PATTERN MINING IN BIG DATA COMPUTING ENVIRONMENT

经济管理出版社
ECONOMY & MANAGEMENT PUBLISHING HOUSE

图书在版编目（CIP）数据

大数据环境下局部模式挖掘关键技术研究/姜涛著．—北京：经济管理出版社，
2021.6

ISBN 978-7-5096-8076-6

Ⅰ.①大…　Ⅱ.①姜…　Ⅲ.①数据采集—研究　Ⅵ.①TP274

中国版本图书馆 CIP 数据核字（2021）第 121700 号

组稿编辑：杨　雪
责任编辑：杨　雪　王　硕
责任印制：黄章平
责任校对：董杉珊

出版发行：经济管理出版社
　　　　　（北京市海淀区北蜂窝 8 号中雅大厦 A 座 11 层　100038）
网　　　址：www. E-mp. com. cn
电　　　话：（010）51915602
印　　　刷：唐山昊达印刷有限公司
经　　　销：新华书店
开　　　本：710mm×1000mm /16
印　　　张：12
字　　　数：207 千字
版　　　次：2021 年 8 月第 1 版　　2021 年 8 月第 1 次印刷
书　　　号：ISBN 978-7-5096-8076-6
定　　　价：75.00 元

前　言

　　纵观数据挖掘技术发展过程，其是一个不断融合其他领域理论与技术的学科。数据挖掘先后融合了数据库、人工智能、机器学习、统计学、高性能计算、模式识别、神经网络、数据可视化、信息检索和空间数据分析等多个领域的理论和技术，是 21 世纪初期对人类产生重大影响的十大新兴技术之一。

　　局部模式挖掘作为数据挖掘技术的一个重要分支，近年来得到了广泛的发展，推动其发展的主要因素是不断增长的应用需求，如基因表达数据分析、研制药物、消费者分类和用户推荐等都需要局部模式挖掘技术的支持。近年来，全局模式挖掘技术暴露出来的弊端，使局部模式挖掘技术得到迅速的发展。局部模式挖掘在本质上是一种双向挖掘或者多维度挖掘技术，是对全局模式挖掘技术的有益补充，其发现了全局模式所不能发现的相关知识。

　　大数据环境下局部模式的挖掘集成了双聚类与信息检索的功能，但并非二者在概念、技术和机制上的简单组合，而是一系列问题需要被研究和解决的，如分布式并行挖掘模型、局部模式索引与查询策略和局部模式约束查询技术等。

　　本书研究适合大数据环境下局部模式挖掘特性和需求的新策略、新技术、新机制和新方法，着重对分布式并行挖掘模型、局部模式索引与查询策略、局部模式挖掘原型系统实现和局部模式约束查询技术进行深入研究。

　　笔者多年来一直从事大数据环境下局部模式挖掘的研究与应用开发，在攻读博士学位期间作为主要科研人员参与了与局部模式挖掘相关的"973"项目、"863"项目/国家自然科学基金重点项目的研发，本书中的许多内容都是笔者在攻读博士学位期间研究成果的总结和扩展，在此要感谢导师李战怀教授、尚学群教授和陈伯林副教授等诸位老师在笔者攻读博士学位期间给予的悉心指导。在本书的撰写过程中参阅了该领域大量的研究成果，也得到了天津理工大学肖迎元教授、西南民族大学李卫榜博士的鼓励和帮助，在此表示衷心感谢。

本书得到了国家自然科学基金青年项目（61702161）、河南省科技攻关项目（212102210386，182102210213）和河南省高等学校重点科研项目（18A520003）的资助，在此表示感谢，也感谢经济管理出版社给予的大力支持与帮助，特别感谢杨雪编辑为本书出版付出的辛勤劳动。

目　录

1　绪论 ………………………………………………………… 001

　1.1　研究背景 ……………………………………………… 001

　1.2　基因表达数据挖掘 …………………………………… 002

　1.3　基因表达数据挖掘研究现状概述 …………………… 003

　　1.3.1　基于定量测度的双聚类 ………………………… 004

　　1.3.2　基于定性测度的双聚类 ………………………… 006

　　1.3.3　基于查询的双聚类 ……………………………… 009

　　1.3.4　约束型双聚类 …………………………………… 009

　　1.3.5　存在的问题 ……………………………………… 010

　1.4　主要工作 ……………………………………………… 010

　1.5　组织结构 ……………………………………………… 013

2　基因表达数据中的局部模式挖掘研究综述 ……………… 015

　2.1　引言 …………………………………………………… 015

　2.2　问题定义 ……………………………………………… 016

　2.3　局部模式类型与标准 ………………………………… 019

　2.4　研究现状 ……………………………………………… 022

　　2.4.1　基于定量测度的双聚类 ………………………… 023

　　2.4.2　基于定性测度的双聚类 ………………………… 029

　　2.4.3　基于查询的双聚类 ……………………………… 034

　　2.4.4　约束型双聚类 …………………………………… 036

　　2.4.5　存在的问题 ……………………………………… 037

　2.5　未来研究方向 ………………………………………… 037

　2.6　小结 …………………………………………………… 038

3 基于蝶形网络的基因表达数据并行分割与挖掘方法 ························ 040

   3.1 引言 ··· 040

   3.2 问题定义与分析 ··· 043

      3.2.1 问题定义 ·· 044

      3.2.2 优缺点分析 ·· 044

   3.3 并行分割方法 ··· 049

      3.3.1 基于蝶形网络的 Hama BSP 框架 ···················· 049

      3.3.2 基于分布式哈希表的去冗余方法 ···················· 053

      3.3.3 结果完整性的证明 ······································ 056

   3.4 实验评估 ··· 058

      3.4.1 分布式并行方法与单机实现的比较 ················· 059

      3.4.2 分布式并行框架的比较 ································ 060

   3.5 相关工作 ··· 063

   3.6 小结 ··· 063

4 OPSM 的索引与查询 ·· 065

   4.1 引言 ··· 065

   4.2 问题定义 ··· 068

   4.3 基本方法 pfTree ··· 071

   4.4 改进的索引方法 pIndex ·· 074

   4.5 改进的查询方法 ··· 077

      4.5.1 正相关 OPSM 查询 ···································· 077

      4.5.2 多类型 OPSM 查询 ···································· 081

   4.6 实验评估 ··· 084

      4.6.1 单机性能 ··· 085

      4.6.2 并行性能 ··· 093

   4.7 相关工作 ··· 096

   4.8 小结 ··· 097

5 OMEGA：OPSM 的挖掘、索引与查询工具 ······················· 098

   5.1 引言 ··· 098

5.2 系统架构 ……………………………………………… 099

5.3 关键技术 ……………………………………………… 100

    5.3.1 列标签排列 …………………………………… 100

    5.3.2 OPSM 的分布式并行挖掘 …………………… 101

    5.3.3 创建索引 ……………………………………… 101

    5.3.4 OPSM 查询 …………………………………… 103

5.4 系统演示 ……………………………………………… 104

5.5 小结 …………………………………………………… 111

6 基因表达数据中 OPSM 的约束查询 …………………… 112

6.1 引言 …………………………………………………… 112

6.2 问题描述 ……………………………………………… 115

6.3 蛮力搜索法 …………………………………………… 118

6.4 基于枚举序列索引的查询 …………………………… 119

6.5 多维联合查询方法 …………………………………… 123

    6.5.1 联合索引 cIndex ……………………………… 123

    6.5.2 多维查询方法 ………………………………… 126

6.6 实验评估 ……………………………………………… 128

    6.6.1 单机性能 ……………………………………… 129

    6.6.2 并行性能 ……………………………………… 133

6.7 相关工作 ……………………………………………… 135

6.8 小结 …………………………………………………… 136

7 基于数字签名与 Trie 的 OPSM 约束查询 …………… 137

7.1 引言 …………………………………………………… 137

7.2 问题描述 ……………………………………………… 140

7.3 索引方法 ……………………………………………… 142

    7.3.1 基于数字签名与 Trie 的索引（sTrie）……… 143

    7.3.2 基于数字签名与 Trie 的压缩索引（cTrie）…… 145

    7.3.3 基于序列的索引（tTrie）…………………… 147

    7.3.4 代价分析 ……………………………………… 148

7.4 查询方法 ……………………………………………… 148

7.4.1　自顶向下的查询 ································ 149

7.4.2　自底向上的查询 ································ 151

7.4.3　性能优化 ·· 155

7.4.4　代价分析 ·· 155

7.5　实验评估 ·· 156

7.5.1　单机性能 ·· 157

7.5.2　并行性能 ·· 161

7.6　相关工作 ·· 163

7.6.1　基于定量和定性测度的子空间聚类 ·············· 163

7.6.2　基于查询的双聚类 ······························ 165

7.6.3　约束型双聚类 ·································· 165

7.7　小结 ·· 166

8　总结与展望 ·· 167

8.1　工作总结 ·· 167

8.2　工作展望 ·· 169

参考文献 ·· 170

1 绪论

1.1 研究背景

基因微阵列技术是在 DNA 重组与 PCR 扩增两大技术出现之后产生的一项重大生物技术（Cheng Y 等，2000）。通过微阵列实验，生物学家能够在同一时间内监视大量基因在特定生理过程中的动态表达水平，进而将基因的活动状态相对全面地展示出来。同以往的单基因表达研究模式相比，其使人们能够在基因组层面上以全局的、系统的视角来解释生命现象与本质。自发明以来，该技术已经应用在生物和医学研究等许多领域中。例如，在癌症研究中，基因微阵列技术的出现使人们能够更好地理解肿瘤发生的生物学机制，进而发现新的目标和新的药物，并制定可以裁剪的个性化治疗。然而，基因在某一生理过程中的表达数据只是某一状态下的表型数据。如何揭示大量基因表型数据背后的基因功能及其生命现象的本质才是设计微阵列实验的初衷。因为数据挖掘技术能够从大量的数据中发现不易察觉的信息，或者挖掘出某些潜在的有价值的模式，所以在生物医学等领域的探索中有广泛的应用。

基因表达数据反映的是通过 cDNA 微阵列和寡核苷酸芯片等方法直接或间接测量得到的基因转录产物 mRNA 在细胞中的丰度（Wang Z 等，2016）。由于生物体中的细胞种类繁多且基因表达随着时空的改变而变化，所以与其他数据相比，基因表达数据要更为复杂，数据量要更大，数据的增长速度也要更快。基因微阵列之上的基因表达数据可以看作 $n \times m$ 的矩阵，其中 n 为基因数目（行数）、m 为实验条件个数（列数）、矩阵中的每个属性值代表某个基因在某个实验条件下的表达水平。基因表达数据中蕴藏着基因活动的信息，如细胞处于何种状态（正常、恶化等）、药物对癌细胞的作用是不是见效，能够从很大程度上反映细胞的当前生理状态。通过对基因表达数据的分析能够达到预测基因功能与获取基因表达调控网络等信息的目的，这也是基因微阵列在生物医学等领域广泛应用的关键因素之一。

自从 Hartigan（1972）发表开创性成果之后，即将矩阵分为若干个含有近似值的子矩阵，双聚类方法得到巨大的发展。在基因表达数据分析应用中，其旨在从中找出在若干实验条件下展示出同样趋势的若干基因所组成的基因组合。之前，层次聚类和 K 均值等传统方法通过"最大程度上增大组间的差异同时最大程度上减小组内的差异"的标准，来鉴别在所有实验条件下具有相似表达水平的基因组合。然而，基因不可能在所有实验条件下共表达，也不可能展示出相似的表达水平，但是可能参与多种表达通路。在这种情况下，双聚类方法应运而生。首先由 Cheng 和 Church 将上述理念应用在基因表达数据分析中，接着 Ben-Dor 等（2002，2003）做了扩展与改进。虽然所提出的方法性能很优越，但是每种双聚类方法都将算法的应用领域限制在发现特定类型的双聚类中，没有很好的通用性。因此，随着基因表达数据获取能力的增强，亟待寻找新的通用性更强的且性能更好的数据挖掘与管理方法。

由于高通量测序技术的广泛应用，如何高效地管理产生的基因微阵列数据成为生物信息挖掘的关键问题。局部模式挖掘、索引与查询作为基因表达数据管理的关键问题，已经得到国内外的科研院所和业界的广泛关注，笔者所在的课题组在名为"数据密集型计算环境下的数据管理方法与技术"的国家自然科学基金重点项目的支持下在国内较早地进行了密集型数据管理的研究，并在基因表达数据的并行分割与挖掘、基因表达数据中局部模式的索引、基因表达数据中局部模式的关键词查询和基因表达数据中局部模式的约束型查询等方面取得了一定进展。本书是在国家自然科学基金青年科学基金项目"面向数据密集型计算的局部模式挖掘与查询方法"和项目组的其他基金的支持下完成的，特别在此表示感谢。

1.2 基因表达数据挖掘

随着基因表达数据在生物与医学研究等领域的广泛应用，如何分析与管理高通量微阵列技术产生的海量数据并实时高效地提供可用的信息成为决策支持系统需要重点考虑的问题。基因间的关系往往展示为某种局部模式，而这种潜在的局部模式也正是生物学家决策所需要或者进一步鉴定的成分。本书所关注的局部模式（挖掘或管理）主要是保序子矩阵（Ben-Dor 等，2002，2003）（Order-Preserving SubMatrix，OPSM）。

下面给出保序子矩阵的形式化定义。

定义 1-1 保序子矩阵（OPSM）：给定数据 $D(G,T)$（$n \times m$ 的矩阵），$M_i(g,t)$ 是 $D(G,T)$ 中的一个子矩阵，且 $g \subseteq G$、$t \subseteq T$。若 $M_i(g,t)$ 是一个保序子矩阵，则有 g 中的每一行数据 e 关于列标签子集 t 的排列严格单调递增，即 $e_{i1} \leq e_{i2} \leq \cdots \leq e_{ij} \leq \cdots \leq e_{ik}$，其中 $(i1,\cdots,ij,\cdots,ik)$ 为在列标签 t 上的一个排列。

定义 1-2 保序子矩阵的约束查询：给定自定义约束集合 C（如必须连接、不能连接、间隔约束和数量约束等）与 OPSM 数据集合 M，保序子矩阵的约束查询是在 M 中寻找符合 C 的保序子矩阵集合 Q_c 的过程。

1.3 基因表达数据挖掘研究现状概述

双聚类的概念最初由 Hartigan（1972）提出，其作为对矩阵中的行与列同时聚类的一种方法，并将其命名为 Direct 聚类。Cheng 和 Church（2000）提出了基因表达数据的双聚类，并引入了元素残差以及子矩阵的均方残差 MSR（Cheng Y 等，2000）的概念。其提出一种贪婪方法：首先将整个数据矩阵作为初始化数据；接着删除元素残差或者均方残差最大元素或者行列，依次递归下去直到剩余矩阵的 MSR 低于某个阈值；然后增加部分元素或者行列，保证所得矩阵的 MSR 也低于该阈值。该方法效率较低，因为一次只能挖掘一个双聚类。Ben-Dor 等（2002，2003）介绍了一种特殊的双聚类模型 OPSM，并证明了其是 NP 难问题。OPSM 与双聚类关系与区别如下：本质上 OPSM 属于双聚类，只是一个更特殊的双聚类而已。大部分双聚类主要是在实数数据上做恒定值模式、行/列恒定值模式、相干值模式和相干演化模式等的挖掘工作。OPSM 首先对每一行数据进行从小到大的排列，再替换成相应的列标签，这样就将实数数据转化序列数据。具体的序列操作有频繁集挖掘和最长公共子序列查找等。大部分的 OPSM 挖掘主要操作对象是序列数据，少部分 OPSM 挖掘工作的操作对象是未经预处理的实数数据。这种转化可以从一定程度上减少噪声数据的影响，同时也可以减少计算量。随后，人们给出了基于定量测度和定性测度的双聚类挖掘方法。数值测度包括均方残差 MSR（Cheng Y 等，2000）、平均相关值 ACV（Ayadi W 等，2012）、平均斯皮尔曼秩相关系数 ASR（Ayadi W 等，2012）和平均一致性相关指数 ACSI 等（Ayadi W 等，2012）。定性测度包括上升、下降和无变化（Chui C K 等，2008；Fang Q 等，2010）。

近年来，基因表达数据挖掘得到生物医学界与学术界的重点关注，取得了一定的研究成果（Sim K 等，2013；Madeira S C 等，2004a；Jiang D 等，2004a；Kriegel H P 等，2009；岳峰等，2008）。本节主要从以下四个方面对基因表达数据挖掘方法的研究现状进行介绍：①基于定量测度的子空间聚类；②基于定性测度的子空间聚类；③基于查询的双聚类；④约束型双聚类。

1.3.1　基于定量测度的双聚类

本小节主要从噪声与缺失值问题、双聚类类型、具有理论意义的双聚类、现有方法的比较和相关系统等方面来介绍基于定量测度的双聚类。

（1）解决噪声与缺失值问题的工作：由于基因表达数据的来源不同，且数据是由微阵列图像数据转化而来的，其中不可避免地会产生噪声，所以减少噪声数据的影响也是一项很有意义的研究工作（岳峰等，2008）。同时，这方面也有一些研究成果。基于 Cheng 等（2000）提出的 δ-bicluster 模型，Yang 等（2002）为减少数据缺失值的影响，给出一种 δ-cluster 模型。Denitto 等（2015）利用 Max-Sum 测度来提升双聚类的质量。Peng 等（2006）设计实现了一个利用多份数据来挖掘基因表达数据的软件包。其提供了多种转换模型，包括非相似/距离测度、K 均值聚类的变种和聚类质量评价测度。Abdullah 等（2006）为了从含有噪声的数据中发现非对称有重叠双聚类，提出了基于交叉最小化与图形绘制的双聚类技术。

（2）挖掘各种类型双聚类的工作：双聚类类型主要包括恒定值双聚类、行/列恒定值双聚类（也称线性/加性双聚类）、相干值双聚类和相干演化双聚类等（Madeira S C 等，2004）。Divina 等（2006）给出一种基于进化计算的双向聚类方法，用来发现尺寸较大、重叠较少且 MSR 小于某阈值的双聚类。Deodhar 等（2009）提出一种鲁棒的有重叠的双聚类方法 ROCC，其能有效地从大量的含有噪声的数据中挖掘出稠密的、任意位置的有覆盖的聚类。Cho 等（2010）给出了数据转换的方法，来解决现有的平方残差和测度方法只能有效地挖掘出在数值上具有偏移的双聚类，却不能很好地解决在数值上有缩放的双聚类问题。Odibat 等（2011）发现，现有方法并不能有效地挖掘矩阵数据中任意位置有重叠的双聚类，提出了确定性双聚类算法，该算法可以有效地发现正负相关的任意位置上有重叠的双聚类。Truong 等（2013）提出一种算法，用来生成若干个覆盖度小于阈值的双聚类，一定程度上能发现无冗余的双聚类。Ayadi 等（2014）给出模因双聚类算法 MBA，来发现生物学意义上的重要的负相关双聚类。Chen 等（2014）利用最小均方算法、错误 MMSE 测度来鉴别所有类型的线性模式（偏移、缩放、偏移与缩放联合模式）。Sun 等（2013）为了减少基因表达数据中噪声的影响，提出一种名为 AutoDecoder 的模型。其利用神经网络技术来恢复隐藏在噪声基因表达数据中的具有重叠的双聚类。Bhattacharya 等（2009）为了确定一组共调控的基因，介绍了一种双相关聚类算法。Xiao 等（2008）提出一种有效的投票算法从带有任意背景的矩阵中发现加性双聚类。Xie 等（2013）提出一种有效的方法来不间断地检测数值数据流之间的相关性。该方法基于离散傅里叶转换，且能快速地计算具有时滞相关关系的模式。

（3）具有理论意义的双聚类研究工作：Lee 等（2010）提出一种稀疏奇异值分解方法，作为一种探索分析工具来发现高维度数据矩阵中的行列关联的聚类。Tanay 等（2002）提出一种带有统计模型的图理论的方法来发现基因表达数据中的重要的双聚类。Hochbaum 等（2013）设计了参数为 5 的近似 MinOPSM 挖掘方法，将问题转化为一个二次的并且不可分离的集合覆盖问题。接着，给出另一种结合原始对算法的公式化方法将近似系数提高为 3。Hochreiter 等（2010）设计了一种名为 FABIA 的双聚类获取方法，其基于乘法模型来评价基因表达与实验条件之间的线性依赖关系，同时捕捉现实世界转录数据中的重尾分布现象。Sill 等（2011）引入稳定性选择的因素来改善稀疏奇异值分解方法的性能，之后提出基于抽样方法的 S4VD 算法来发现稳定性双聚类。Tchagang 等（2009）受排序保序框架与最小均方残留测度的启发，提出了 ASTRO 与 MiMeSR 方法从短时间序列基因表达数据中具有生物学意义的模式。Yoon 等（2005）利用零抑制二元决策图从基因表达数据中发现一致性双聚类。Tan 等（2007）给出了基因表达数据分析中三个聚类方法的算法与复杂度问题。Humrich 等（2011）为了寻找最大 OPSM，提出了一种固定参数可解整数规划方法。Joung 等（2012）为了发现基因表达数据中的相干模式，提出了一种概率共同进化双聚类算法。Cho 等（2008）利用规范化、确定谱的初始化和增量本地搜索等策略，来解决前期提出的 MSSRCC 模型的局部极小化问题以及划分聚类算法中的退化严重等问题。Cho 等（2004）介绍了两种与 MSR 相似的平方残差测度，同时提出两种有效的基于 k-means 的双聚类算法。Ayadi 等（2012）利用平均一致性相关指数 ACSI 来评估相干双聚类，并利用有向无环图组建这些双聚类。Yang 等（2011）介绍了一种应用范围更为普遍的方法 Correlated 双聚类来发现具有直观生物学意义的聚类。其首先利用奇异值分解来鉴别相关聚类，接着转化为两种全局聚类问题。然后利用混合聚类算法与 Lift 算法来生产 δ-corBiclusters。Roy 等（2013）提出了 BiClust 树，其只需要一次遍历就可以发现具有重要生物学意义的相关双聚类。

（4）对现有算法进行全方位比较的工作：Prelić 等（2006）提出一种快速的分支方法（Bimax）来发现基因表达数据中的双聚类，同时与其他五种突出的双聚类方法（CC、Samba、OPSM、ISA、xMotif）在生成数据与真实数据上进行了系统的比较。Roy 等（2015）介绍了可能从基因表达数据中观察到的感兴趣的模式，同时讨论了检测具有相似表达模式的基因功能组的双聚类技术。Eren 等（2013）观察到大多数双聚类方法只和少数的相关算法做了比较，并且很快就过时了。为了评估现有方法的优缺点，利用 BiBench 包比较了 12 种算法在不同实验条件、噪声、重合度等指标下的性能。Saber 等（2015）给出微阵列数据分析方面的双聚类方法的综述。

（5）双聚类挖掘系统设计与实现的工作：Santamaría 等（2008）设计并实现了一种基因表达数据中双聚类的可视化工具 BicOverlapper。Barkow 等（2006）设计并实现了一个名为 BicAT 的工具，其中包括若干现有算法的实现，方便用户比较并选用合适的算法。同时还提供了数据的预处理、聚类、数据的可视化和后期处理等步骤。

1.3.2 基于定性测度的双聚类

同时，本小节还从噪声与缺失值问题、双聚类类型、具有理论意义的

双聚类、现有方法的比较、相关系统等方面来介绍基于定性测度的双聚类。

（1）解决噪声与缺失值问题的工作：Zhang 等（2008）提出了一种近似保序聚类模型 AOPC 来减少数据中噪声的影响。Chui 和 Yip 等（2008，2013）利用多份数据模型 OPSM－RM 来消除数据噪声的影响。Fang 等（2010）为挖掘放松的 OPSM，提出包含以行或列为中心的 OPSM-Growth 方法。随后，Fang 等（2012，2014）提出基于桶和概率的方法，挖掘出放松的 OPSM。Henriques 等（2014）提出名为 BicSPAM 的方法，这是第一个试图解决 OPSM 允许对称并且能够容忍不同级别的噪声的方法。

（2）挖掘各种类型双聚类的工作：其主要挖掘具有同样升降趋势、反向趋势和具有时间延迟的相同/相反升降趋势的模式。Liu 等（2003）通过寻找在部分维度下表达值排序相同的基因对象来挖掘 OPSM。Wang 等（2002）提出并设计基于 pScore 测度和 pCluster 模型的方法，来挖掘具有相似升降趋势的模式。Wang 等（2005）给出一种基于最近邻的新的测度方法来挖掘相似模式。Zhao 等（2008）提出一种最大化子空间聚类算法，来挖掘具有正相关和负相关的共调控基因聚类。Jiang 等（2005）给出一种质量驱动的 top-k 模式挖掘方法，来提升发现的有重叠的 OPSM 的质量。闫雷鸣等（2008）为挖掘非线性相关的模式，设计了适用于时序基因表达数据的联合聚类方法 MI-TSB。印莹等（2007a）和 Yin 等（2007b）提出一种从时序微阵列数据中挖掘同步和异步共调控基因聚类的方法。Yin 等（2007c）发现现有方法只适用于相同列下的双聚类，而非相同列下的聚类也具有重要意义，为此提出了时间偏移共表达模式的挖掘方法。Zhao 等（2006，2007）提出子空间聚类方法 g-Cluster 来发现具有正负相关的共调控基因。Wang 等（2010a）设计了发现缩放、偏移和反转时滞表达模式的方法，并且很容易从二维数据扩展到三维数据。Wang 等（2010b）给出了具有恒定值的子矩阵（又称局部保守聚类）的方法，其实局部保守聚类是 OPSM 中的一种特殊情况。Ji 等（2004）提出一种正负相关共调控基因聚类的模型 PNCGC，大大减少了"支持度—可信度"框架生成的冗余规则，从而为基因网络提供了更有价值的调控信息。Ji 等（2005）为了鉴别具有时滞特点的基因聚类，首先进行矩阵转换，其次生成 q-cluster，最后总结具有时滞共调控的基因关系组。Ji 等（2006）为了发现具有一致或者相似趋势的双聚类，给出了一种快速层次双聚类算法。这种方法不仅能生成双聚类，而且能够产生双聚类间关系的层次图。Chen 等（2011）为了提高正负相关模式挖掘的性能，提出一种名为上下位模式的方法 UDB，其将挖掘算法的时间复杂度从指数级别减少到多项式等级。

（3）具有理论意义的双聚类研究工作：Trapp 等（2010）为挖掘最优 OPSM，给出一种基于线性规划的挖掘方法。Kriegel 等（2005）提出一种局部密度阈值的 OPSM 挖掘方法，试图改变现有的基于全局密度阈值的方法并不能适用于每个 OPSM 的现状。安平（2013）利用互信息和核密度进行双聚类。Zhang 等（2007）发现现有的方法都假设基因表达数据是同质的，给出了称为 F−cluster 的模型来挖掘异质数据中的相干模式。Cho 等（2015）给出了一种基于坏字符规则的 KMP 算法，试图快速地匹配保序模式。Painsky 等（2012，2014）为了发现"每行只属于一类而每列可以属于多个聚类"的双聚类，介绍了基于最优集合覆盖的方法。Ji 等（2007）为了解决密集数据中闭合模式的发现问题，提出了两种压缩层次挖掘方法。其首先压缩源挖掘空间，接着将整个挖掘任务层次化地分割成独立的子任务，最后单独挖掘每一个子任务。Xue 等（2015a，2015b）发现现有方法在挖掘 Deep OPSM 过程中计算代价较大，提出了基于所有公共子序列的方法，实验证明所提出方法具有很好的有效性与高效性。Kuang 等（2015）利用动态规划、后缀树以及分支界限方法来发现包括 Deep OPSM 在内的所有类型的 OPSM。在真实数据上的实验验证了挖掘结果具有很高的生物学意义以及较好的计算性能。Kim 等（2014）定义了模式的前缀表示与最近邻表示，给出类挖掘单模式与多模式匹配的有效方法。其时间复杂度为 $O(n\log m)$，经过优化后的时间复杂度为 $O(n+m\log m)$。Bruner 等（2012）为了解决排列模式匹配的 NP 完全问题，提出了固定参数算法。其在最坏情况下的运行时间为 $O(1.79^{run(T)}nk)$。当 T 具有少量的上升与下降趋势时，时间复杂度为 $O(1.79^n nk)$。Crochemore 等（2013）为了解决保序模式匹配问题，给出一种时间复杂度为 $O(n\log\log n)$ 的非完整保序后缀树的创建方法。同时给出一种时间复杂度为 $O(n\log n/\log\log n)$ 的完整保序后缀树的创建方法。Chen 等（2013）发现现有方法在鉴别具有恒定表达水平的双聚类时表现不佳，提出了一个两阶段双聚类方法，其在二进制数据与定性数据上具有良好的性能。

（4）对现有算法进行全方位比较的工作：文献（Sim K 等，2013；Madeira S C 等，2004；Jiang D 等，2004a；Kriegel H P 等，2009；岳峰等，2008）从相关算法的所挖掘模式的生物学意义及其难点、各种算法的优缺点

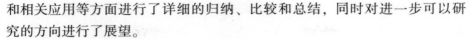

和相关应用等方面进行了详细的归纳、比较和总结，同时对进一步可以研究的方向进行了展望。

（5）双聚类挖掘系统设计与实现的工作：Gao 等（2006，2012）提出并实现了一种 KiWi 框架与系统工具，其利用 k 和 w 两个参数来约束计算资源和搜索空间。Jiang 等（2004b）设计了一种名为 GPX 的可视化工具，其利用图形化界面对 OPSM 数据进行上钻或者下翻，方便生物学家分析基因表达数据。

1.3.3　基于查询的双聚类

基于查询的双聚类（Smet R D 等，2010）来自生物信息领域（Zou Q 等，2014；邹权等，2010；陈伟等，2014；Zou Q 等，2015），应用对象是基因表达数据。首先由用户根据经验来提供功能相关或共表达的种子基因，其次利用该种子对搜索空间剪枝或双聚类进行指导。为了使现有挖掘方法能利用先验知识并回答指定的问题，Dhollander 等（2007）提出基于贝叶斯的查询驱动的双聚类方法 QDB。同时给出一种基于实验条件列表的联合方法，来实现关键词的多样性并免除必须事先定义阈值等问题。随后，Zhao 等（2011）对 QDB 方法进行了改进，提出了 ProBic 方法。虽然二者在概念上相似，但是也有不同之处。QDB 方法利用概率关系模型扩展贝叶斯框架，并用基于期望最大化的直接指定方法来学习该概率模型。Alqadah 等（2012）提出一种利用低方差和形式概念分析优势相组合的方法，来发现在部分实验条件下具有相同表达趋势的基因。为了便于 OPSM 的查询，Jiang 等（2015a）提出了带有行列表头的前缀树索引 pIndex，同时给出四种 OPSM 查询方法。

1.3.4　约束型双聚类

目前，约束型双聚类的相关研究相对较少，它是一种对挖掘与分析基因表达数据的新方法。Pensa 等（2006，2008a）提出一种从局部到整体的方法来建立间隔约束的二分分区，该方法是通过扩展从 0/1 数据集中提取出来的一些局部模式的来实现的。基本思想是将间隔约束转换成一个放松的局部模式，接着利用 K 均值算法来获得一个局部模式的分区，最后对上述分区做后续处理来确定数据之上的协同聚类结构。随后，Pensa 等（2008b）对文献（Pensa R G 等，2006；Pensa R G 等，2008a）进行了扩展，主要的不同点有：①笔者同时在行列之上应用目标函数来评价双聚类的好坏；②新文献（Pensa R G 等，2008b）将文献（Pensa R G 等，2006；Pensa R G 等，2008a）中的数据从 0/1 矩阵扩展到了实数数据；③提升了 must-link 与 cannot-link 两类约束在行列之上的处理性能。Tseng 等（2008）提出基于相关约束完整链接的约束型双聚类方法。

1.3.5 存在的问题

当前关于基因表达数据挖掘与管理的研究取得了一定的进展，但是还存在一些问题。例如，基因表达数据中局部模式的快速挖掘、基因表达数据中局部模式的索引、基因表达数据中局部模式的关键词查询、基因表达数据中局部模式的约束型查询。主要存在以下问题：①随着数据密集型计算平台的出现，如何在分布式并行环境下快速挖掘基因表达数据中局部模式。②随着高通量测序技术的飞速发展，大量的基因表达数据以前所未有的速度增长着。同时，由于基因表达数据分析代价不断减小，大规模的 OPSM 分析结果也累积下来。如何为两种数据集设计一个通用的索引结构和查询方法？据我们所知，从基因表达数据中挖掘 OPSM 的耗时远远超过从 OPSM 数据中搜索 OPSM，但是 OPSM 的数据量远远大于基因表达数据。如何保证索引能容纳于内存中，索引更新更高效，基于索引的查询更快且具有可扩展性？③虽然 OPSM 的检索可以通过关键词的查询来处理，但是查询相关性很难满足。④假如上述问题都可实现，但是如何设计出同时满足索引数据量小且查询性能又较高的方法。

1.4 主要工作

本书针对基因表达数据挖掘的关键技术与理论进行了研究，主要研究内容包括：数据密集型环境下基因表达数据的并行分割与挖掘技术，基于关键词的保序子矩阵索引与查询方法，保序子矩阵的挖掘、索引与查询原型系统的实现，基于自定义约束的保序子矩阵约束查询技术。具体工作如下：

（1）基因微阵列是实验分子生物学中的一个重要突破，其使研究者可以同时监测多个基因在多个实验条件下的表达水平的变化，进而为发现基因协同表达网络、研制药物和预防疾病等提供技术支持。研究者们提出了大量的聚类算法来分析基因表达数据，但是标准的聚类算法（单向聚类）只能发现少量的知识。因为基因不可能在所有实验条件下共表达，也不可能展示出相同的表达水平，但是可能参与多种遗传通路。在这种情况下，双聚类方法应运而生，这样就将基因表达数据的分析从整体模式转向局部模式，从而改变了只根据数据的全部对象或属性将数据聚类的局面。本书主要从局部模式的定义、局部模式类型与标准、局部模式的挖掘与查询等方面进行了梳理，介绍了基因表达数据中局部模式挖掘当前的研究现状与进展，详细总结了基于定量和定性的局部模式挖掘标准，以及相关的挖掘系统，分析了存在的问题，并深入探讨了未来的研究方向。

（2）针对基因表达数据挖掘在数据密集型环境下不易并行的问题，本书提出了利用蝶形网络（Butterfly Network）增强大同步模型（Hama BSP）的优化策略。通过对 MapReduce 与 Hama BSP 模型下基因表达数据挖掘方法 OPSM 的实现与分析，发现了 OPSM 方法在上述两种模型下实现时存在若干缺点。缺点分别为：①OPSM 方法在 MapReduce 下实现时没有通信机制，需要多次 MapReduce 迭代才能使结果完整；②在 Hama BSP 下实现时每一个超步中每个节点都需要和另外的节点通信，产生了大量冗余结果；③在结果的精简阶段，由于存在数据冗余，只需要启动一个节点即可完成任务，剩余的节点没有得到充分利用；④在每个超步中，每个节点都需要保存来自其他节点传送过来的数据，占据了较多的运行内存且无谓地消耗了较多的带宽。为了改变上述状况，一方面，本书提出了基于蝶形网络的 OPSM 并行挖掘方法，其扩展了 Hama BSP 框架，使节点在每个超步中只需要与指定的某个节点通信即可，且最多使用 $\log_2 N$ 个超步，这样可以在最大程度上减少通信时间、网络带宽的利用以及冗余数据的百分比。另一方面，本书通过理论证明和实验验证等证明了所提出的 BNHB 框架与蝶形交互策略在减少数据传递量、降低冗余结果等方面的高效性与有效性。

（3）针对基于行/列关键词的保序子矩阵索引与查询问题，提出了带有行列表头的前缀树索引方法与基于行/列关键词的精确/模糊查询技术。现有方法大多是在制定相应的评价标准之后来批量地挖掘基因表达数据中的 OPSM 的。此类方法存在的不足是：当生物学家需要查询某几个基因在哪些实验条件下协同表达或查询某几个实验条件下有哪些基因协同表达时，效率较低。根据上述需求，本书首先提出了前缀树索引 pfTree，但是其遍历与搜索性能较差。其次对前缀树索引进行了优化，即在 pfTree 索引的基础上增加了行列两个表头（称为 pIndex）。这个改进在没有增加太多创建索引代价的基础上，大大增强了基于行列关键词搜索的性能。再次提出了基于行/列关键词的精确/模糊查询方法以及多类型 OPSM 查询方法。最后通过大量的实验验证了索引的大小与代价、基于 pIndex 的查询方法优于基于 pfTree 的查询方法数倍。

（4）针对保序子矩阵的挖掘、索引与查询问题，设计并实现了一个名为 OMEGA 的原型系统。该工具分为离线挖掘与在线查询两部分。离线部分主要利用基于蝶形网络的 BSP 模型来并行挖掘保序子矩阵，在线部分主要利用带有行列表头的前缀树索引方法，以及基于行/列关键词的精确/模糊查询技术，来进行数据的索引与 OPSM 查询处理。该工具的关键技术分为 4 部分，分别为实验条件的枚举、OPSM 的并行挖掘、数据的索引以及 OPSM 的查询。

（5）针对基因表达数据中保序子矩阵的约束查询问题，提出了基于枚举序列与多维索引的查询方法。充分剖析了现有方法存在的问题，指出虽然基于关键词的 OPSM 查询可以从大量的 OPSM 数据中检索到相关的 OPSM，但是改善 OPSM 的查询相关性仍是一个具有挑战性的任务。首先，我们很难获取主观兴趣点，比如分析者个人的领域知识。其次，即使上述兴趣点可以客观清晰地定义出来，在 OPSM 查询中如何规范有效地利用也是比较困难的。为了解决上述问题，本书提出了两种约束型 OPSM 查询方法，其利用自定义约束从提出的两种索引中搜索相关结果。在真实数据集上的实验结果表明：与蛮力搜索方法相比，基于枚举序列与多维索引的两种查询方法能够更准确有效地检索 OPSM。为了进一步减少索引的大小，本书提出了基于数字签名与 Trie 的 OPSM 索引与查询方法。本书所设计的大量实验也说明了所提出的新方法是可行与有效的。

1.5 组织结构

第 1 章介绍课题的研究背景、基因表达数据挖掘与检索的基本定义、局部模式挖掘的国内外研究情况、本书的主要研究工作以及篇章结构安排。

第 2 章综述基因表达数据中局部模式的挖掘方法。主要包括：局部模式的定义、局部模式类型与标准、基因表达数据中局部模式挖掘当前的研究现状与进展和未来的研究方向等。

第 3 章研究数据密集型计算环境下的基因表达数据的并行分割与挖掘问题。主要包括：通过现有挖掘算法 OPSM 的实现来分析在 MapReduce 与 BSP 模型的优缺点，提出基于蝶形网络的数据交互框架，利用分布式哈希表与数据传递规则来减少冗余数据的传递，并证明了所提出框架与优化技术在理论上能够保证挖掘结果的完整性。

第 4 章研究基于关键词的保序子矩阵索引与查询方法。主要包括：基于前缀树的基本索引方法 pfTree、带有行列表头的改进索引方法 pIndex、基于行/列关键词的精确/模糊查询方法、多类型 OPSM 查询方法。

第 5 章实现了保序子矩阵的挖掘、索引与查询工具。主要包括：实现了基于蝶形网络的 Hama BSP 模型的基因表达数据并行挖掘离线工具，实现了带有行列表头的前缀树的在线索引与查询工具。其中模块与关键技术包括列排序、OPSM 并行挖掘、数据的索引以及 OPSM 的查询。

第 6 章研究基于枚举序列与多维索引的保序子矩阵约束查询方法。主要包括：实现与分析了蛮力搜索方法、基于枚举序列索引与约束查询方法的优缺点。为了进一步提高性能，提出了基于多维索引的保序子矩阵约束查询方法。其不仅减少了索引的大小，而且在查询性能上也有所提升。

第 7 章研究基于数字签名与 Trie 的保序子矩阵约束查询方法。主要包括：为了进一步减少索引（第 6 章方法）的数据量，针对基因名序列，提出了基于数字签名与 Tire 的索引及其优化技术。针对实验条件序列，提出了基于序列与 Trie 的索引方法。同时，提出了自顶向下与自底向上相结合的查询方法。

第 8 章对全书进行总结，并对未来的探索方向进行了展望。

本书的组织结构与研究路线如图 1-1 所示。

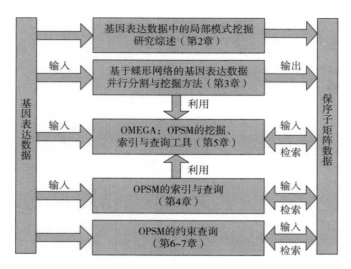

图 1-1　本书组织结构与研究路线

　　图 1-1 中相关章节所提出方法的输入输出数据、章节之间的关系如下：第 2 章综述了基因表达数据中的局部模式挖掘方法。第 3 章相关方法的输入为基因表达数据、输出为保序子矩阵数据。第 4 章、第 5 章相关方法的输入为基因表达数据和/或保序子矩阵数据、输出为少量保序子矩阵数据。第 6 章、第 7 章的输入为保序子矩阵数据、输出为少量保序子矩阵数据。基因表达数据的获取途径较多，但是目前还没有保序子矩阵的公开基准数据，本书中用到的保序子矩阵数据主要是通过相关文献生成的方法获取。第 5 章主要利用第 3 章、第 4 章中提出的方法设计了一个原型系统来验证相关方法的有效性。

2 基因表达数据中的局部模式挖掘研究综述

2.1 引言

基因微阵列技术是 DNA 重组与 PCR（Polymerase Chain Reaction）扩增这两大技术出现之后产生的一项重大生物技术（Cheng Y 等，2000）。通过微阵列实验，生物学家能够在同一时间内监测大量基因在特定生理过程中的动态表达水平，进而将基因的活动状态相对全面地展示出来。同以往的单基因表达研究模式相比，它使人们能够在基因组层面上以全局的、系统的视角来解释生命现象与本质，自它被发明以来，该技术已经应用到生物和医学研究等许多应用中。例如，在癌症研究中，它的出现使人们能够更好地理解肿瘤发生的生物学机制，进而发现新的目标和新的药物，并制定可以裁剪的个性化治疗方案。然而，基因在某一生理过程中的表达数据只是某一状态下的表型数据，如何揭示大量基因表型数据背后的基因功能及其生命现象的本质才是设计微阵列实验的初衷。因为数据挖掘技术能够从大量的数据中发现不易觉察的信息，或者挖掘出某些潜在的有价值的模式，所以在生物医学等领域的探索中广泛应用。

基因表达数据反映的是直接或间接测量得到的基因转录产物 mRNA 在细胞中的丰度（Wang Z 等，2016）。检测细胞中 mRNA 丰度的方法主要有四种，分别为 cDNA 微阵列、寡核苷酸芯片、基因表达系列分析（Serial Analysis of Gene Expression，SAGE）、反转录 PCR（Reverse Transcription‐PCR，RT‐PCR）。由于生物体中的细胞种类繁多，且基因表达随着时空的改变而变化，所以与其他数据相比，基因表达数据要更为复杂、数据量要更大、数据的增长速度也要更快。基因微阵列之上的基因表达数据可以看作 $n×m$ 的矩阵，其中 n 为基因数目（行数）、m 为实验条件个数（列数）、矩阵中的每个属性值代表某个基因在某个实验条件下的表达水平。基因表达数据中蕴藏着基因活动的信息，如细胞处于何种状态（正常、恶化等）、药物对癌细胞的作用是否见效，能够从很大程度上反映细胞的当前生理状态。通过对基因表达数据的分析能够达到预测基因功能与获取基因表达调控网络等信息的目的，这也是基因微阵列能在生物医学等领域被广泛应用的关键因素之一。

自从 Hartigan（1972）发表重要研究成果之后，即将矩阵分为若干个含有近似值的子矩阵，双聚类方法得到巨大的发展。在基因表达数据分析应用中，其旨在从中找出在若干实验条件下展示出同样趋势的若干基因所组成的键值对（键为基因，值为实验条件）。之前，层次聚类和 K 均值等传统方法通过"最大程度上增大组间的差异，同时最大程度上减小组内的差异"的标准来鉴别在所有实验条件下具有相似表达水平的基因组合。然而，基因不可能在所有实验条件下共表达，也不大可能展示出相同的表达水平，但是可能参与多种表达通路。在这种情况下，双聚类方法应运而生。之后，业界出现了大量用于基因表达数据分析的模型、算法与软件。然而，国内鲜有关于基因表达数据中局部模式挖掘方法的系统阐述。本书主要从局部模式的定义、局部模式类型与标准、局部模式的挖掘与查询等方面，介绍了基因表达数据中局部模式挖掘当前的研究现状与进展，详细总结了基于定量和定性的局部模式挖掘标准以及相关的挖掘系统与工具，分析了存在的问题，并深入探讨了未来的研究方向。

2.2　问题定义

挖掘局部模式所需要的源数据是一个 $n×m$ 的矩阵 A，其中元素 a_{ij} 为实数，a_{ij} 表示基因 i 在实验条件 j 下的表达值。表 2-1 给出了一个基因表达数据矩阵。

表 2-1　基因表达数据矩阵举例

条件 基因	gal1RG1 (t_0)	gal2RG1 (t_1)	gal2RG3 (t_2)	gal3RG1 (t_3)	gal4RG1 (t_4)	gal5RG1 (t_5)
YDR073W（g_0）	0.155	0.076	0.284	0.097	0.013	0.023
YDR088C（g_1）	0.217	0.084	0.409	0.138	-0.159	0.129
YDR240C（g_2）	0.375	0.115	-0.201	0.254	-0.094	-0.181
YDR473C（g_3）	0.238	0	0.150	0.165	-0.191	0.132
YEL056W（g_4）	-0.073	-0.146	0.442	-0.077	-0.341	0.063
YHR092C（g_5）	0.394	0.909	0.443	0.818	1.070	0.227
YHR094C（g_6）	0.385	0.822	0.426	0.768	1.013	0.226
YHR096C（g_7）	0.329	0.690	0.244	0.550	0.790	0.327
YJL214W（g_8）	0.384	0.730	0.066	0.529	0.852	0.313
YKL060C（g_9）	-0.316	-0.191	0.202	-0.140	0.043	0.076

注：YDR073W、YDR088C、YDR240C、YDR473C、YEL056W、YHR092C、YHR094C、YHR096C、YJL214W、YKL060C 为基因名称，g_0,…,g_9 为"（ ）"前基因的代号。同样，gal1RG1、gal2RG1、gal2RG3、gal3RG1、gal4RG1、gal5RG1 为实验条件名称，t_0,…,t_5 为"（ ）"前实验条件的代号。

本章用 A 表示一个基因表达数据矩阵，其中基因的集合用行集合 $X = \{x_1,\cdots,x_i,\cdots,x_n\}$ 表示，实验条件的集合用列集合 $Y = \{y_1,\cdots,y_j,\cdots,y_m\}$ 表示，a_{ij} 表示行 i（或 x_i）和列 j（或 y_j）之间的关系值。这样，矩阵 A 的另一种表示方法就是(X,Y)。假设 $I \subseteq X$，$J \subseteq Y$，I 与 J 分别表示部分行与部分列。于是 $A_{IJ} = (I,J)$ 表示 A 中的子矩阵，其中只包含矩阵 A 中的部分 a_{ij} 元素。

现有大部分聚类算法主要挖掘行聚类与列聚类，本章将行或列聚类称为整体模式（单向聚类）。行聚类是部分行在所有列下具有相似行为或趋势，如图 2-1（a）所示，表示为 $A_{IY} = (I,Y)$，其中 $I = \{x_1,\cdots,x_p\}$（$I \subseteq X$，$|I| < |X| = n$），即行模式为 $|I| \times m$ 的矩阵。列聚类是部分列在所有行下展现出相同的行为或趋势，如图 2-1（b）所示，表示为 $A_{XJ} = (X,J)$，其中 $J = \{y_1,\cdots,y_q\}$（$J \subseteq Y$，$|J| < |Y| = m$），即列模式为 $n \times |J|$ 的矩阵。

近年来，学界出现了一种称为双聚类（Cheng Y 等，2000）的方法，其将标准聚类（单向聚类）算法的挖掘结果从整体模式转变为局部模式。在双聚类中，部分行在部分列下具有相同的行为或趋势，或者部分列在部分行下展现出相似的行为或趋势如图 2-1（c）所示。因此，双聚类 $A_{IJ} = (I,$

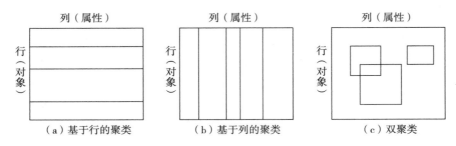

图 2-1　单向聚类与双聚类示意图

J），包含了矩阵 A 中的部分行 I 和部分列 J，其中 $I=\{x_1,\cdots,x_p\}$（$I\subseteq X$，$|I|<|X|=n$），$J=\{y_1,\cdots,y_q\}$（$J\subseteq Y$，$|J|<|Y|=m$）。这样，双聚类 $A_{IJ}=(I,J)$ 定义为矩阵 A 中一个 $|I|\times|J|$ 的子矩阵。有时也将其称为 OPSM（Ben-Dor A 等，2002；Ben-Dor A 等，2003）。

　　本章重点关注的双聚类问题的定义如下：首先给定矩阵 A，发现符合某些共同特点的子矩阵的集合。但是，关于共同特点，不同的方法具有不同的定义，我们将在第 2 节中进行总结。其次以 OPSM（Ben-Dor A 等，2002；Ben-Dor A 等，2003）为例进行介绍。其输入为基因表达数据，如表 2-1 所示；输出为多个局部模式 OPSM，如表 2-2 所示；运算过程为首先将每个基因的表达值按大小排序，接着替换为列标签，最后寻找列标签序列的最长公共子序列（频繁模式）。表 2-2 为从表 2-1 中挖掘出来的两个局部模式 OPSM，将其记为由基因和实验条件序列所组成的键值对。

表 2-2　局部模式举例

条件 基因	t_0	t_1	t_3	t_4	条件 基因	t_0	t_1	t_3	t_4
g_0	0.155	0.076	0.097	0.013	g_5	0.394	0.909	0.818	1.070
g_1	0.217	0.084	0.138	-0.159	g_6	0.385	0.822	0.768	1.013
g_2	0.375	0.115	0.254	-0.094	g_7	0.329	0.690	0.550	0.790
g_3	0.238	0	0.165	-0.191	g_8	0.384	0.730	0.529	0.852

　　注：基因 g_0、g_1、g_2、g_3 的表达值经过从小到大的排序后，其对应的列标签（实验条件代号）的排列为 $t_4\,t_1\,t_3\,t_0$，该 OPSM 表示为 $g_0\,g_1\,g_2\,g_3$：$t_4\,t_1\,t_3\,t_0$。同理，基因 g_5、g_6、g_7、g_8 的表达值经过从小到大的排序后，其对应的列标签（实验条件代号）的排列为 $t_0\,t_3\,t_1\,t_4$，该 OPSM 表示为 $g_5\,g_6\,g_7\,g_8$：$t_0\,t_3\,t_1\,t_4$。

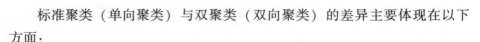

标准聚类（单向聚类）与双聚类（双向聚类）的差异主要体现在以下方面：

（1）聚类方向不同。单向聚类仅在数据矩阵的单一方向（行或列）上聚类；双聚类则可对数据的对象（行）与属性（列）同时聚类，如图2-1所示。这样，双聚类解决了"基因不可能在所有实验条件下共表达"的问题。

（2）聚类结果相关度不同。单向聚类结果可能存在属性（列）与某些对象（行）不相关的情况；而双聚类结果中的属性（列）与该聚类所属对象（行）一定相关。

（3）聚类结果互异性不同。单向聚类分析所得到的结果是互异的，即一个对象（行）存在且仅存在于一个类中；双聚类分析所得到的结果具有相容性，即一个对象（行）可以存在于多个类中，也可以不存在于任何一个类中。这样，双聚类解决了"基因可能参与多种遗传通路"的问题。

单向聚类与双聚类的优劣主要体现在以下几方面：

（1）双聚类利用了聚类的二元性。单向聚类从行或列中的一个维度进行数据的划分，但不能同时从行与列这两个维度进行数据的划分；而双聚类可以同时从行与列这两个维度对数据进行划分。这样，双聚类解决了"标准聚类只能发现少量的知识的问题"。

（2）双聚类可发现隐藏的潜在模式。单向聚类将所有的行或列划分成若干类，即发现整体模式，该特性使其隐藏了若干潜在模式；而双聚类从行与列这两个维度进行数据的划分的特性，使行或列不必属于同一类，即发现局部模式，那么就可以发现不明显的潜在模式。这样，双聚类解决了"标准聚类只能发现少量的知识的问题"。

（3）双聚类可降低数据的维度。单向聚类只在单轴方向（行或列）上降低数据的维度，双聚类则可同时降低双轴方向上的维度。

2.3　局部模式类型与标准

挖掘局部模式所需要的源数据是一个 $n \times m$ 的矩阵 A，其中元素 a_{ij} 为实数，a_{ij} 表示基因 i 在实验条件 j 下的表达值。表 2-1 给出一个基因表达数据矩阵样例。

现有的局部模式主要包括两大类：恒值双聚类（图 2-2 中的 A_1，A_2，A_3）和相干双聚类（图 2-2 中的 A_4，A_5，A_6）（Madeira S C 等，2004）。恒值双聚类又可以细分为三小类：恒值双聚类（图 2-2 中的 A_1）、行恒值双聚类（图 2-2 中的 A_2）和列恒值双聚类（图 2-2 中的 A_3）。相干双聚类也可以细分为三小类：加性相干双聚类（图 2-2 中的 A_4）、乘性相干双聚类（图 2-2 中的 A_5）和相干演化双聚类（图 2-2 中的 A_6）（Madeira S C 等，2004）。

1	1	1	1
1	1	1	1
1	1	1	1
1	1	1	1
1	1	1	1

（a）A_1：恒值双聚类

1	1	1	1
2	2	2	2
3	3	3	3
4	4	4	4
5	5	5	5

（b）A_2：恒值双聚类（行恒值双聚类）

1	2	3	4
1	2	3	4
1	2	3	4
1	2	3	4
1	2	3	4

（c）A_3：恒值双聚类（列恒值双聚类）

1	2	5	0
2	3	6	1
4	5	8	3
5	6	9	4
6	7	10	5

（d）A_4：相干双聚类（加性相干双聚类）

1	2	0.5	1.5
2	4	1	3
3	6	1.5	4.5
4	8	2	6
5	10	2.5	7.5

（e）A_5：相干双聚类（乘性相干双聚类）

70	13	19	10
49	40	49	35
40	20	27	15
90	15	20	12
50	38	45	30

（f）A_6：相干双聚类（相干演化双聚类）

图 2-2　双聚类模式类型举例

恒值双聚类和相干双聚类各自的特点如表 2-3 所示：

表 2-3　双聚类类型

双聚类类型	双聚类子类型	特点	说明
恒值双聚类	恒值双聚类	$a_{ij}=\mu$	μ 为常量
	行恒值双聚类	$a_{ij}=\mu+\alpha_i$，$a_{ij}=\mu\times\alpha_i$	α_i 为第 i 行的值
	列恒值双聚类	$a_{ij}=\mu+\beta_j$，$a_{ij}=\mu\times\beta_j$	β_j 为第 j 列的值
相干双聚类	加性相干双聚类	$a_{ij}=\mu+\alpha_i+\beta_j$	
	乘性相干双聚类	$a_{ij}=\mu\times\alpha_i\times\beta_j$	
	相干演化双聚类	不同行之间的值同增同减，即增减趋势一致	

恒值双聚类是一种特殊的双聚类，其中的所有元素值都相同，即 $a_{ij}=\mu$。行恒值双聚类中的每一行元素值分别相同，行与行之间相差一个常数或者倍数，即 $a_{ij}=\mu+a_i$ 或 $a_{ij}=\mu\times a_i$，其中 a_i 表示行常数或倍数。列恒值双聚类中的每一列元素值分别相同，列与列之间相差一个常数或者倍数，即 $a_{ij}=\mu+\beta_j$ 或 $a_{ij}=\mu\times\beta_j$，其中 β_j 表示列常数或倍数。

相干双聚类与恒值双聚类有所不同。加性相干双聚类中的每个元素值基本上不相同，每一行与列值是在一个基准值 μ 的基础上加上行常数 a_i 和列常数 β_j，即 $a_{ij}=\mu+a_i+\beta_j$。乘性相干双聚类中的每个元素值基本上也不相同，每一行与值是在一个基准值 μ 的基础上乘以行倍数 a_i 和列倍数 β_j，即 $a_{ij}=\mu\times a_i\times\beta_j$。相干演化双聚类不太在意每个元素值，重在关注前后行或列之间的表达值的升降。如果两行或列具有相同和相反的趋势，那么两者可以聚为一类。

根据双聚类间的关系，一组双聚类可分为如下类型（Madeira S C 等，2004），如图 2-3 所示：①单独的双聚类，如图 2-3（a）所示；②互斥行

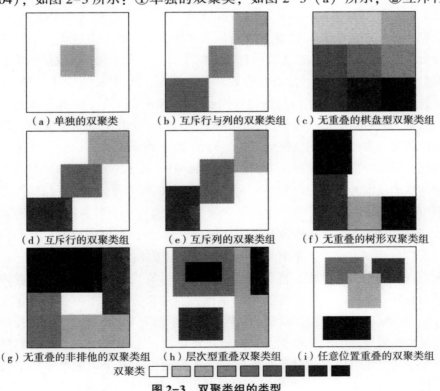

（a）单独的双聚类　　　（b）互斥行与列的双聚类组　　（c）无重叠的棋盘型双聚类组

（d）互斥行的双聚类组　　（e）互斥列的双聚类组　　（f）无重叠的树形双聚类组

（g）无重叠的非排他的双聚类组　（h）层次型重叠双聚类组　（i）任意位置重叠的双聚类组

双聚类

图 2-3　双聚类组的类型

与列的双聚类组，如图 2-3 （b） 所示；③无重叠的棋盘型双聚类组，如图 2-3 （c） 所示；④互斥行的双聚类组，如图 2-3 （d） 所示；⑤互斥列的双聚类组，如图 2-3 （e） 所示；⑥无重叠的树形双聚类组，如图 2-3 （f） 所示；⑦无重叠的非排他的双聚类组，如图 2-3 （g） 所示；⑧层次型重叠双聚类组，如图 2-3 （h） 所示；⑨任意位置重叠的双聚类组，如图 2-3 （i） 所示。

2.4　研究现状

　　双聚类的概念最初由 Hartigan （1972） 提出，其作为对矩阵中的行与列同时聚类的一种方法，并将其命名为 Direct 聚类。Cheng 和 Church （2000） 提出了基因表达数据的双聚类，并引入了元素残差以及子矩阵的均方残差 MSR （Mean Squared Residue） （Cheng Y 等，2000） 的概念。文献 （Cheng Y 等，2000） 展示出 MSR 在发现行恒值双聚类、列恒值双聚类、加性相干双聚类 （shift biclusters） 方面具有良好的性能。然而，其在发现乘性相干双聚类 （scale biclusters） 方面的表现却差强人意。该算法是一种贪婪方法。首先将整个数据矩阵作为初始化数据；其次删除元素残差或者均方残差最大元素或者行列，依次递归下去直到剩余矩阵的 MSR 低于某个阈值；最后增加部分元素或者行列，保证所得矩阵的 MSR 也低于该阈值。该方法效率较低，因为一次只能挖掘一个双聚类。Ben-Dor 等 （2002，2003） 介绍了一种特殊的双聚类模型 OPSM，并证明了其是 NP 难问题。OPSM 与双聚类关系与区别如下：本质上 OPSM 属于双聚类，只是一个更特殊的双聚类而已。大部分双聚类主要是在实数数据上做恒值模式、行/列恒值模式、加性相干模式、乘性相干模式、相干演化模式等的挖掘工作。OPSM 首先对每一行数据进行从小到大的排列，再替换成相应的列标签，这样就将实数数据转化序列数据。具体的序列操作有频繁集挖掘、最长公共子序列查找等。大部分的 OPSM 挖掘主要操作对象是序列数据，少部分 OPSM 挖掘工作的操作对象是未经预处理的实数数据。这种转化可以在一定程度上减少噪声数据的影响，同时也可以减少计算量。随后，人们给出了基于定量测度和定性测度的双聚类挖掘方法。定量测度包括均方残差 MSR （Cheng Y 等，2000）、方差和 SSQ（Sum of Squares）（Hartigan J A，1972）、残差均值 MR（Mean Residue）（Yang J 等，2002）、平方残差和 SSR（Sum Squared Residue）（Cho H 等，2010）、平均相关值 ACV（Average Correlation Value）（Teng L 等，2008）、平均斯皮尔曼秩相关系数 ASR（Average Spearman's Rho）（Ayadi W 等，2014）（Ayadi W 等，2009）、平均一致性相关指数 ACSI（Average Correspondence Similarity Index）（Ayadi W 等，2012）等。定性测度包括上升、下降、相似、相反、同步、异步、重叠、位置、冗余、对称、非对称、非线性等。

近年来，基因表达数据挖掘得到生物医学与学术界的重点关注，取得一定的研究成果（Sim K 等，2013）（Madeira S C 等，2004）（Jiang D 等，2004a）（Kriegel H P 等，2009）（岳峰等，2008）。本节主要从基于定量测度的双聚类、基于定性测度的双聚类、基于查询的双聚类和约束型双聚类等方面对基因表达数据中局部模式的挖掘方法的研究现状进行梳理和介绍。

2.4.1　基于定量测度的双聚类

本节主要从噪声与缺失值问题、双聚类算法、双聚类理论研究、现有方法的比较、相关系统与工具等方面介绍基于定量测度的双聚类，定量测度如表 2-4 所示。

（1）解决噪声与缺失值问题的工作：由于基因表达数据的来源不同且数据是由基因微阵列图像数据转化而来的，其中不可避免地会产生噪声，所以减少噪声数据的影响也是一项有意义的研究工作（岳峰等，2008）。同时这方面也有一些研究成果。基于 Cheng 等（2000）提出的 δ-bicluster 模型，Yang 等（2002）为减少数据缺失值的影响，给出一种 δ-cluster 模型来发现相干模式。继而设计了 FLOC（FLexible Overlapped Clustering）算法，来挖掘任意位置有重叠的双聚类，其中用到残差均值 MR 测度。Deodhar 等（2009）提出一种鲁棒的有重叠的双聚类方法，将其命名为 ROCC（Robust Overlapping Co-Clustering），这种方法能有效地从大量的含有噪声的数据中挖掘出稠密的、任意位置的有重叠的双聚类。Sun 等（2013）为了减少基因表达数据中噪声的影响提出名为 AutoDecoder 的模型，该模型利用神经网络技术来发现隐藏在噪声基因表达数据中的具有重叠的双聚类。

表2-4 双聚类的定量测度

文献	方法	定量测度	公式	说明
Cheng Y 等(2000)，Divina F 等(2006)	CC, SEBI	MSR	$MSR = \frac{1}{|I||J|}\sum_{i\in I, j\in J}(a_{ij} - a_{iJ} - a_{Ij} + a_{IJ})$	a_{iJ}、a_{Ij} 分别表示第 i 行的值、第 j 列的值，a_{IJ} 表示双聚类的值
Hartigan JA (1972)	Block Clustering	SSQ	$SSQ(I, J) = \sum_{i\in I, j\in J}(a_{ij} - a_{IJ})^2$	
Yang J 等(2002)	FLOC	MR	$MR = \frac{\sum_{i\in I, j\in J}|r_{ij}|}{v_{IJ}}$	r_{ij} 表示的残差，v_{IJ} 表示元素个数
Cho H 等(2010)	RESIDUE（II）	SSR	$SSR = \|H_{IJ}\|^2 = \sum_{i\in I, j\in J} h_{ij}^2$	h_{ij} 表示残差
Teng L 等(2008)	Homogeneity Clustering	ACV	$ACV(A) = \max\left\{ \frac{\sum_{i=1}^n \sum_{j=1}^n |r_{row_{ij}}| - n}{n' - n}, \frac{\sum_{k=1}^m \sum_{l=1}^m |r_{col_{kl}}| - m}{m' - m} \right\}$	$ACV(A)\in(0,1)$，$r_{row_{ij}}$ 表示矩阵 A 中第 i 行、第 j 行的相关性，$r_{col_{kl}}$ 同理
Ayadi W 等(2014)，Ayadi W 等(2009)	MBA, BiMine	ASR	$ASR(I', J') = 2\times\max\left\{ \frac{\sum_{i\in I'}\sum_{j\in I', j\geq i+1}\rho_{ij}}{|I'|(|I'|-1)}, \frac{\sum_{k\in J'}\sum_{l\in J', l\geq k+1}\rho_{kl}}{|J'|(|J'|-1)} \right\}$	$\rho_{ij}(i\neq j)$、$\rho_{kl}(k\neq l)$ 为斯皮尔曼秩相关系数
Ayadi W 等(2012)	BicFinder	ACSI	$ACSI_i(I', J') = 2\times \frac{\sum_{j\in I', j\geq i+1}\sum_{k\in I', k\geq j+1}CSI(i,j,k)}{|I''|(|I''|-1)}$	CSI 为相似系数指数
Chen S 等(2014)	MMSE	MMSE	$MMSE(A) = \min_{\alpha, \pi, \beta}\left(\frac{1}{|I||J|}\sum_{i\in I, j\in J}(\alpha_i \pi_j + \beta_i - d_{i,j})^2 \right)$	π、α_i、β_i 分别表示基向量、乘因子向量和加因子向量，$d_{ij}=a_{ij}$
Wang H 等(2002)	δ-pCluster	pScore	$pScore(A) = |(a_{i_1j_1} - a_{i_1j_2}) - (a_{i_2j_1} - a_{i_2j_2})|$	
Bhattacharya A 等(2009)	BCCA	Corr	$Corr(a_i, a_j) = \frac{\sum_{l=1}^m (a_{il}-\overline{a_i})(a_{jl}-\overline{a_j})}{\sqrt{\sum_{l=1}^m (a_{il}-\overline{a_i})^2 \sum_{l=1}^m (a_{jl}-\overline{a_j})^2}}$	实际为皮尔逊相关系数

（2）挖掘各种类型双聚类的工作：对于一个局部模式而言，双聚类类型主要包括如表 2-3 所示的 2 大类、6 小类（Madeira S C 等，2004）。而对于局部模式的组合来说，双聚类组的类型又包括如图 2-3 所示的 9 种情况（Madeira S C 等，2004）。Cho（2010）给出了数据转换的方法，来解决现有的平方残差和 SSR 测度方法只能有效地挖掘出在数值上具有偏移的双聚类（加性相干双聚类），却不能很好地解决在数值上有缩放的双聚类（乘性相干双聚类）的问题。Ayadi 等（2014）发现，大多数现有方法主要关注正相关双聚类，而研究表明负相关双聚类也出现在具有重要生物学意义的双聚类中。为了弥补现有算法的不足，给出文化基因双聚类算法，并将其命名为 MBA（Memetic Biclustering Algorithm）。Divina 等（2006）给出一种基于进化计算的双聚类方法，SEBI（Sequential Evolutionary BIclustering），用来发现尺寸较大、重叠较少且 MSR 小于某阈值的双聚类。Odibat 等（2011）发现现有方法并不能有效地挖掘矩阵数据中任意位置有重叠的双聚类，提出一种确定性双聚类算法，称为 PONEOCC（POsitive and NEgative correlation based Overlapping Co-Clustering）。该算法可以有效地发现正负相关的任意位置上有重叠的双聚类。同样，该方法也可以应用于含有噪声的基因表达数据分析。Truong 等（2013）观察到现有大多数方法要么挖掘无重叠的双聚类，要么发现重叠区域比较大的双聚类，而不允许用户指定双聚类之间的最大重叠比例。为此，他们提出一种可以产生 K 个重叠的双聚类的算法，并且这些重叠的比例低于预设阈值。与现有方法产生所有双聚类结果的方式不同，该算法每次发现一个与已产生的结果不同的并且带有一定重叠比例的双聚类。实验也表明该方法可以返回许多大的高质量的双聚类。Chen 等（2014）发现现有研究已为线性模式（相干模式）提出若干种定量相干测度，但是其缺乏挖掘所有相干模式的能力且容易被噪声所干扰。为此，提出一种通用的线性模式相干测度最小均方误差 MMSE（Minimal Mean Squared Error）。利用该测度，双聚类算法可以发现所有类型的线性模式，包括偏移（加性相干模式）、缩放（乘性相干模式）、偏移与缩放联合模式等。Wang 等（2002）提出并设计基于 pScore 测度和 pCluster 模型的方法，发现具有相似升降趋势的模式。Bhattacharya 等（2009）介绍了一种基于双相关系数的聚类算法，并将其命名为 BCCA（Bi-Correlation Clustering Algorithm），他们发现的模式不仅具有相似的表达趋势，而且具有共同的转录因子结合位点。这项工作之所以有意义，是因为现有工作只考虑了前者，而忽略了后者，即在相应的启动子序列上拥有共同的转录因子结合位点是一项能证明这些基因共表达的证据。Xiao 等（2008）提出一种有效的投票算法从带有任意背景的矩阵中发现加性相干双聚类。Xie 等（2013）提出一种有效的方法来不间断地检测数值数据流之间的相关性。该方法基于离散傅里叶转换，且能快速地计算时滞（异步）相关模式。Murali 等（2003）提出非确定性贪婪方法 xMOTIFs 来发现具有行恒定值的双聚类。Bergmann 等（2003）提出一种大规模基因表达数据分析的迭代签名算法，命名为 ISA（Iterative Signature Algorithm），其通过多次迭代来发现具有重叠的转录模块。Pandey 等（2009）利用范围支持框架 RAP（RAnge support Pattern）来挖掘恒值双聚类和行恒定值双聚类。

（3）主要进行双聚类理论研究的工作：Teng 等（2008）提出一种测度方法 ACV 来发现同质聚类。实验表明，其更适用于加性与乘性相干模式的搜索。Ayadi 等（2009）提出一种枚举算法 BiMine 来挖掘基因表达数据中的双聚类，该算法有三个新特点：第一，其依赖于 ASR 评价函数；第二，其利用双聚类枚举树 BET 来索引挖掘出来的双聚类；第三，设计了减少搜索空间的剪枝规则。Ayadi 等（2012）利用平均一致性相关指数（ACSI）来评估相干双聚类，并利用有向无环图组建这些双聚类。Denitto 等（2015）为了解决双聚类与生俱来的高复杂度问题，提出一种新的二元因子图方法，他们将双聚类问题转化成序列搜索问题，每次挖掘一个双聚类，同时利用 Max Sum 算法来缓解以往方法的扩展性问题。Lee 等（2010）提出一种稀疏奇异值分解方法，并将该方法命名为 SSVD（Sparse Singular Value Decomposition），作为一种探索分析工具来发现高维度数据矩阵中的棋盘形状的双聚类。棋盘形状的双聚类如图 2-3（c）所示。Tanay 等（2002）提出一种带有统计模型的图理论的方法 SAMBA（Statistical-Algorithmic Method for Bicluster Analysis）来发现基因表达数据中具有重要意义的双聚类。Sill 等（2011）引入稳定性选择的因素来改善稀疏奇异值分解方法的性能，之后提出了基于抽样的 S4VD 算法（Stability selection for sparse singular Value Decomposition）来发现稳定性双聚类。Tchagang 等（2009）受排序保序框架与最小均方残留测度 MSR 的启发，提出了 ASTRO（Analysis of Short Time-series using Rank Order preservation）与 MiMeSR（Minimum Mean Squared Residue）方法从短时间序列基因表达数据中具有生物学意义的模式。Tan 等（2007）详细给出了基因表达数据分析中三个聚类方法的算法，并分析了复杂度问题。Humrich 等（2011）发现精确的双聚类算法复杂度为指数级、多项式级的算法却是非精确的。为了减少在寻找最大精确 OPSM 过程中得到精确结果、有理论保证、算法可扩展、不受噪声数据影响，他们提出一种新的精确算法，即固定参数可解整数规划方法。Joung 等（2012）为降低在发现基因表达数据中的相干模式的计算复杂度，提出一种概率共同演化双聚类算法，即 PCOBA（Probabilistic COevolutionary Biclustering Algorithm）。Cho 等（2008）利用规范化、确定谱的初始化和增量本地搜索等策略，给出双聚类软件 Co-Clustering 解决前期提出的 MSSRCC（Minimum Sum-Squared Residue Co-Clustering）模型的局部极小化问题，以及划分聚类算法中的退化严重等问题。Cho 等（2004）介绍了两种与 MSR 相似的平方残差测度，同时提出两种有效的基于 K 均值的双聚类算法。Yang 等（2011）观察到当遇到大量的异质数据时，现有的聚类方法往往得不到满意的结果。为此，他们介绍了一种应用范围更为普遍的方法——Correlated 双聚类，用来发现具有直观生物学意义的聚类。该方法首先利用奇异值分解来鉴别相关聚类，其次将问题转化为两种全局聚类问题，最后利用混合聚类算法与 Lift 算法来生成双聚类 δ-corBiclusters。Roy 等（2013）提出双聚类挖掘方法 CoBi（Co-regulated Biclustering），基于 BiClust 树，其只需一次遍历就可发现所有的正负相关的双聚类。

（4）对现有算法进行全方位比较的工作：Roy 等（2015）介绍了可能从基因表达数据中观察到的感兴趣的模式，同时讨论了检测具有相似表达模式的基因功能组的双聚类技术。Eren 等（2013）观察到每种新提出的双聚类方法在文献中只和少量的现有方法做了比较，而对于不同的局部模式挖掘任务，往往不知道选用哪种双聚类方法更合适。为评估现有方法的优缺点，他们利用 BiBench 包比较了 12 种算法在不同实验条件、噪声、重叠比例等指标下的性能。Saber 等（2015）给出微阵列数据分析方面的双聚类方法的综述。

（5）双聚类挖掘系统设计与实现的工作：Barkow 等（2006）设计并实现了一个名为 BicAT 的工具，其中包括若干现有算法的实现，方便用户比较并选用合适的算法，同时他们还提供了数据的预处理、聚类、数据的可视化、后期处理等步骤。其他相关系统的总结如表 2-5 所示。

表 2-5　基于定量测度的双聚类系统或工具

文献	系统/工具	功能	网址
Ayadi W 等（2012）	BicFinder	一种启发式算法，依赖于一个新的评价函数 ACSI（Average Corpondence Similarity Index）来评价给定双聚类的一致性，并利用一个有向无环图来构造双聚类	URL①
Sun H 等（2013）	AutoDecoder	使用神经网络从含有噪声的基因表达数据中寻找重叠的双聚类	URL②
Bhattacharya A 等（2009）	BCCA	发现具有相似表达模式变化的双聚类，并寻找具有共同转录因子结合位点的基因	URL③
Murali T M 等（2003）	xMOTIFs	该方法发现恒值双聚类	URL④
Bergmann S 等（2003）	ISA	提出了一种用于大规模基因表达数据分析的迭代签名算法，即通过多次迭代寻找重叠的转录模块	URL⑤
Pandey G 等（2009）	RAP	利用距离测度来发现恒值双聚类和行恒值恒定双聚类	URL⑥
Lee M 等（2010）	SSVD	发现数据矩阵中的低秩近似棋盘结构矩阵	URL⑦
Tanay A 等（2002）	SAMBA	利用带有统计模型的图理论的方法来发现基因表达数据中具有重要意义的双聚类	URL⑧
Sill M 等（2011）	S4VD	使用稳定性选择来寻找稳定的双聚类	URL⑨
Tchagang A B 等（2009）	ASTRO，MiMeSR	从短时间序列基因表达数据中提取具有生物学意义的模式	URL⑩
Cho H 等（2008）	Co-Clustering	提出了具体的策略使 MSSRCC 方法能够避开局部极小值，解决了分割聚类算法中的退化问题	URL⑪
Roy S 等（2013）	CoBi	这是一种贪婪的方法，它从基因表达数据中发现正、负调控的基因簇	URL⑫
Barkow S 等（2006）	BicAT	该工具包含了一些现有算法的实现，支持数据预处理、聚类、数据可视化等	URL⑬

① http://www.info.univ-angers.fr/pub/hao/BicFinder.html.
② http://grafia.cs.ucsb.edu/autodecoder/.
③ http://www.isical.ac.in/~rajat/.
④ http://genomics10.bu.edu/murali/xmotif.
⑤ http://www2.unil.ch/cbg/index.php? title=ISA.
⑥ http://vk.cs.umn.edu/gaurav/rap/.
⑦ http://www.unc.edu/~haipeng.
⑧ http://www.cs.tau.ac.il/~rshamir/biclust.html，http://acgt.cs.tau.ac.il/expander/.
⑨ http://s4vd.r-forge.r-project.org/，https://github.com/mwsill/s4vd.
⑩ http://www.benoslab.pitt.edu/astro/
⑪ http://www.cs.utexas.edu/users/dml/Software/cocluster.html
⑫ https://sites.google.com/site/swarupnehu/publications/resources.
⑬ http://www.tik.ee.ethz.ch/sop/bicat.

2.4.2　基于定性测度的双聚类

本节从噪声与缺失值问题、双聚类算法、双聚类理论研究、现有方法的比较、相关系统等方面来介绍基于定性测度的双聚类。需要指出的是，该类方法解决了"基因不可能展示出相同的表达水平"的问题。对定性测度的总结如表 2-6 所示。

表 2-6　双聚类的定性测度

文献	算法/定量测度	模式类型				数据类型	时间复杂度	解决的问题
		正相关	负相关	重叠	其他			
Chui C K 等（2008），Yip K Y 等（2013）	OPSM-RM	√				重复测量	NA	噪声
Peng W 等（2006）	IntClust	√				重复测量	NA	噪声
Abdullah A 等（2006）	GraphDrawing	√		√	不对称		NA	噪声
Henriques 等（2014）	BicSPAM	√			对称		NA	噪声
Li G 等（2009）	QUBIC	√		√			NA	噪声，性能
Liu J 等（2003）	OP-Cluster	√					NA	
Zhao Y 等（2008）	CO-GCLUSTER	√	√				NA	
Jiang D 等（2005）	Q-Clustering	√		√			NA	
闫雷鸣等（2008）	MI-TSB				非线性		$O(M^2N)$	性能
印莹等（2007a），Yin 等（2007b）	Reg-Cluster	√	√		同步异步		NA	
Yin Y 等（2007c）	ts-Cluster	√			同步异步		NA	噪声
Zhao Y 等（2006），Zhao Y 等（2007）	g-Cluster	√	√				NA	
Wang G 等（2010a）	td-Cluster	√	√		同步，异步		$O(M^2N)$	
Ji L 等（2004）	PNCGC	√	√		同步，异步		NA	

续表

文献	算法/定量测度	模式类型				数据类型	时间复杂度	解决的问题
		正相关	负相关	重叠	其他			
Ji L 等（2005）	q-Cluster	√			同步，异步		NA	性能
Ji L 等（2006）	QHB	√					NA	
Chen J R 等（2011）	UDB	√	√				$O(M^2N)$	性能
Zhang X 等（2007）	F-Cluster	√			√	异质	NA	
Cho S 等（2015）	OPPM	√					$O[(m+n)q+q!]$	性能

注："√"表示"是"，NA 表示不可获得。

（1）解决噪声与缺失值问题的工作：Chui（2008）和 Yip（2013）等试图利用多份数据模型（OPSM-Repeated Measurements，OPSM-RM）来消除数据噪声的影响。Fang 等（2010）为了挖掘放松的 OPSM，提出包含以行或列为中心的 OPSM-Growth 方法。Zhang 等（2008）为减少数据中噪声的影响，提出了一种近似保序聚类模型，将其称为 AOPC（Approximate Order Preserving Clusters）。随后，Fang 等（2012，2014）基于桶和概率的方法，来发现非严格的聚类 OPSM。Peng 等（2006）设计实现了一个利用多份数据来挖掘基因表达数据的软件包，并给出几种转换模型，支持不同种类的扩展性非相似/距离测度，并提供了一些 K 均值聚类方法的变种，介绍了三种流行的聚类质量的评价方法。Abdullah 等（2006）为了从含有噪声的数据中发现非对称有重叠双聚类，提出了基于交叉最小化与图形绘制的双聚类技术。Henriques 等（2014）提出一种名为 BicSPAM（Biclustering based on Sequential Pattern Mining）的方法，其是第一个试图解决 OPSM 允许对称并且能够容忍不同级别的噪声的方法。Li 等（2009）提出确定性算法 QUBIC（Qualitative Biclustering），从含有噪声的数据中高效地发现重叠的乘性相干双聚类。

（2）挖掘各种类型双聚类的工作：其主要挖掘具有同样升降趋势、反向趋势、同步（无时间延迟）、异步（具有时间延迟）、重叠、对称、非对称、非线性等特性的局部模式。每个算法包含上述特性中的一个或多个。Liu 等（2003）发现现有的相似测度大多数基于欧氏距离或余弦距离，其提出一种灵活有效的聚类模型，命名为 OP-Cluster（Order Preserving Cluster）。该模型判断两个对象相似的标准是不同实验条件下基因表达值排序的顺序相同；也就是说，共调控的基因表达水平在同样条件下同升同降。Wang 等（2005）给出一种基于最近邻 NN 的新的测度方法来指导相似模式聚类。Zhao 等（2008）观察到基于模式和趋势的聚类方法不能直接应用于同时具有正相关和负相关的共调控基因聚类。为此，他们设计了一种编码模式，其中有相同编码的基因是正相关或负相关调控基因，并在此基础上提出算法 CO-GCLUSTER，来发现最大共调控基因聚类的。Jiang 等（2005）发现基于模式的聚类方法返回大量高重复度的聚类，使用户很难鉴别感兴趣的模式，同时不同的模式或测度需要不同的算法，而没有一个通用的基于模式的聚类模型。为此，他们提出一种通用的质量驱动的 top-k 模式挖掘模型 Q-Clustering，来提升所发现的双聚类的质量。闫雷鸣等（2008）为挖掘非线性相关的模式，引入二次互信息的相似性度量，建立了一种时序数据非线性相关模型，提出适用于时序基因表达数据的确定性联合聚类算法，即 MI-TSB（Mutual-Information-based Time Series Biclustering Algorithm）。印莹等（2007a，2007b）提出一种从时序微阵列数据中挖掘同步和异步共调控基因聚类的方法 Reg-Cluster。Yin 等（2007c）发现，现有方法只适用于相同列下的双聚类，而非相同列下的聚类也具有重要意义。为此，他们提出异步（具有时间偏移）的共表达模式的挖掘方法 ts-Cluster（time-shifting Cluster）。Zhao 等（2006，2007）提出双聚类方法 g-Cluster 来发现具有正负相关的共调控基因聚类。Wang 等（2010a）设计了发现缩放、偏移、反转时滞表达模式的模型 td-Cluster（time-Delayed Cluster），并且很容易从二维数据扩展到三维数据。Wang 等（2010b）给出具有恒定值的子矩阵（又称局部保守聚类）的方法，命名为 LC-Cluster（Local Conserved Cluster），这种矩阵实际上是 OPSM 中的一种特殊情况。Ji 等（2004）提出一种正负相关共调控基因聚类的模型，命名为 PNCGC（Positive and Negative Co-regulated Gene Cluster），该模型可以鉴别关联规则丢失的共调控聚类，减少了被 Apriori 模型引入的不相关聚类。Ji 等（2005）发现现有双聚类方法一次只能比较两个基因间的相似度，且相似度打分函数使聚类方法丢失了许多重要信息。为此，他们提出了一种时滞共调控双聚类的方法 q-Cluster，其每次可以比较多个基因且可以产生完整的双聚类。Ji（2006）为了发现具有一致或者相似波动趋势的双聚类，给出一种快速层次双聚类算法，即 QHB

（Quick Hierarchical Biclustering），该算法不仅能生成双聚类，而且能够产生已发现的双聚类间关系的层次图。Chen 等（2011）为了提高正负相关模式挖掘的性能，提出一种名为上下位模式的方法 UDB（Up-Down Bit Pattern），其将挖掘算法的时间复杂度从指数级别减少到多项式等级。Jiang 等（2013）为了快速挖掘基因表达数据中的保序子矩阵，提出了基于蝶形网络的基因表达数据的并行分割与挖掘方法。其扩展了 Hama BSP 框架，使节点在每个超步中只需要与指定的某个节点通信即可，且最多使用 lbN 个超步，N 为集群中计算节点数目。实验表明，该方法弥补了 Apache Hama 系统的处理框架 BSP 的不足，减少了信息传递量，加速了处理速度，同时从理论上证明了该方法能保证挖掘结果的完整性。

（3）主要进行双聚类理论研究的工作：Trapp 等（2010）发现，现有方法在解决 NP 难问题 OPSM 时都不能保证结果最优，为此提出了基于线性规划的确定性方法，同时讨论了挖掘特定类型模式的计算复杂度问题。Kriegel 等（2005）提出，基于局部密度阈值的 OPSM 挖掘方法，试图改变现有的基于全局密度阈值方法并不能适用于每种 OPSM 的现状。安平（2013）利用互信息和核密度进行双聚类挖掘。Zhang 等（2007）发现，现有的大多数方法假设基因表达数据是同质的，并不适用于异质数据。为了挖掘异质数据中的相干模式，他们提出称为 F-cluster 的模型。Cho 等（2015）给出一种基于坏字符规则的名为 KMP 算法，其试图快速地匹配保序模式。Hochbaum 等（2013）转换了最大 OPSM 的挖掘思路，由原来的发现最多行列的双聚类转化成如何从源数据中减少行列的问题。为此，他们设计了参数为 5 的 OPSM 挖掘方法 MinOPSM，将双聚类问题转化为一个两次的、不可分离的集合覆盖问题。接着，他们给出另一种结合原始对算法的公式化方法将近似系数提升为 3。Yoon 等（2005）为解决双聚类的高时间复杂度问题，利用零抑制二元决策图，即 ZBDDs（Zero-suppressed Binary Decision Diagrams），从基因表达数据中发现相干双聚类。Painsky 等（2012，2014）为了发现"每行只属于一类，而每列可以属于多个聚类"的双聚类 [见图 2-3（d）] 介绍了基于最优集合覆盖的方法。Ji 等（2007）为了解决密集数据中闭合模式的发现问题，提出了两种压缩层次挖掘方法。该方法首先压缩源挖掘空间，接着将整个挖掘任务层次化地分割成独立的子任务，最后单独挖掘每一个子任务。Xue 等（2015a）和薛云等（2015b）发现，现有方法在挖掘局部模式 Deep OPSM 的过程中计算代价较大，提出了基于所有公共子序列的方法，实验证明所提出方法具有有效性与高效性。Kuang 等（2015）观察得到大多数现有 OPSM 挖掘方法是基于贪婪策略或者 Apriori 原理，使挖掘结果丢失了包括 Deep OPSM 在内的一些有意义的 OPSM。为此，他们提出了基于序列模式挖掘的精确 OPSM 搜索算法；同时，利用动态规划、后缀树和分支界限规则来增强算法的性能。Kim 等（2014）为解决数字字符串之上的保序匹配，定义了模式的前缀和最近邻表示，提出了单模式与多模式匹配算法。前者在一般情况下的时间复杂度为 $O(n\log m)$，经过优化后的时间复杂度为 $O(n+m\log m)$；后者的时间复杂度为 $O(n\log m)$。Bruner 等（2012）为了解决保序模式匹配的 NP 完全问题，提出固定参数算法，其在最坏情况下的时间复杂度为 $O(1.79^{run(T)}nk)$。当 T 具有少量的上升与下降趋势的时候，该算法的时间复杂度为 $O(1.79^n nk)$。Crochemore 等（2013）为解决保序模式匹配问题，给出一种时间复杂度为 $O(n\log\log n)$ 的非完整保序后缀树的创建方法，同时给出一种时间复杂度为 $O(n\log\log n/\log\log n)$ 的完整保序后缀树的创建方法。Chen 等（2013）发现，现有方法在鉴别具有恒定表达水平的双聚类时表现不佳，提出了一种两阶段双聚类方法，其在二进制数据与定性数据上具有良好的性能。

（4）对现有算法进行全方位比较的工作：文献研究（Sim K 等，2013；Madeira S C 等，2004；Jiang D 等，2004a；Kriegel H P 等，2009；岳峰等，2008）从相关算法所挖掘模式的生物学意义及其难点、各种算法的优缺点、相关应用等方面进行了详细的归纳、比较、总结，同时对进一步可以研究的方向进行了展望。Prelić 等（2006）提出一种快速的分治方法（BiMax）来发现基因表达数据中的双聚类，同时与其他五种表现突出的双聚类方法［CC（Cheng Y 等，2000），OPSM（Ben-Dor A 等，2002；Ben-Dor A 等，2003），xMotif（Murali T M 等，2003），ISA（Bergmann S 等，2003），SAMBA（Tanay A 等，2002）］在生成数据与真实数据上进行了系统的比较。

（5）双聚类挖掘系统设计与实现的工作：Gao 等（2006，2012）提出并实现了一种 KiWi 框架与系统工具，该方法利用 k 和 w 这两个参数来约束计算资源和搜索空间。Santamaría 等（2008）设计并实现了一种基因表达数据中双聚类的可视化工具 BicOverlapper。其他相关系统的总结如表 2-7 所示。

表 2-7　基于定性测度的双聚类系统或工具

文献	系统/工具	功能	网址
Henriques R 等（2014）	BicSPAM	一种灵活的、穷举的、抗噪声的双聚类算法	URL[1]
Li G 等（2009）	QUBIC	该方法从噪声数据中寻找重叠的、相干的双聚类	URL[2]
Yoon S 等（2005）	ZBDDs	使用零抑制二元决策图从基因表达数据中发现相干双聚类	URL[3]
Prelić A 等（2006）	BiMax	给出了一种快速分治算法	URL[4]
Gao B J 等（2012）	KiWi	挖掘框架 KiWi 利用 k 和 w 两个参数来约束可用的计算资源并搜索选定的搜索空间，尽其所能找到尽可能多的 deep OPSM	URL[5]
Santamaría R 等（2008）	BicOverlapper	BicOverlapper 是一个从基因表达矩阵中可视化双聚类的工具，它有助于比较双聚类方法，揭示趋势，强调相关基因和条件	URL[6]

2.4.3　基于查询的双聚类

基于查询的双聚类（Smet R D 等，2010）来自生物信息领域（Zou Q 等，2014）（邹权等，2010）（陈伟等，2014）（Zou Q 等，2015），应用对象是基因表达数据。首先由用户根据经验来提供功能相关或共表达的种子基因，其次利用该种子对搜索空间剪枝或者对双聚类的挖掘与搜索进行指导。Hochreiter 等（2010）设计了获取双聚类的因素分析框架，将其命名为FABIA（Factor Analysis for BIcluster Acquisition）。这是一种乘性相干值模型，衡量不同基因在相关实验条件下的线性相关性，并捕捉从数据中观察到的重尾分布；同时，该框架还允许利用有充分依据的模型选择方法和应用贝

---

① http://web.ist.utl.pt/rmch/software/bicspam.

② http://csbl.bmb.uga.edu/maqin/bicluster/，http://csbl.bmb.uga.edu/publications/materials/ffzhou/QServer/，http://csbl.bmb.uga.edu/~maqin/bicluster/web.html.

③ http://akebono.stanford.edu/users/sryoon/tcbb05.

④ http://people.ee.ethz.ch/~sop/bimax/.

⑤ http://www.bcgsc.ca/platform/bioinfo/ge/kiwi/.

⑥ http://vis.usal.es/bicoverlapper.

叶斯技术。Jiang 等（2004b）设计了一种名为 GPX（Gene Pattern Explorer）的可视化工具，其利用图形化界面对 OPSM 数据进行上钻或者下翻，方便生物学家分析基因表达数据。Dhollander 等（2007）为使现有挖掘方法能利用先验知识并回答指定的问题，提出一种基于贝叶斯的查询驱动的双聚类方法，将其命名为 QDB（Query-Driven Biclustering）。同时他们给出一种基于实验条件列表的联合方法，来实现关键词的多样性并免除必须事先定义阈值等问题。随后，Zhao 等（2011）对 QDB 方法进行了改进，提出了 ProBic 方法。虽然二者在概念上相似，但是也有不同之处。QDB 方法利用概率关系模型扩展贝叶斯框架，并用基于期望最大化的直接指定方法来学习该概率模型。Alqadah 等（2012）提出一种利用低方差和形式概念分析优势组合的方法，将其命名为 QBBC（Query Based Bi-Clustering algorithm），来发现在部分实验条件下具有相同表达趋势的基因。该方法由用户给出共表达或具有同样功能的种子基因，来缩减搜索空间并指导双聚类的挖掘。Jiang 等（2015a）观察到保序子矩阵 OPSM 的快速检索对生物学家寻找某种生理功能模块起着重要作用，但现有大多数方法需要通过挖掘来实现。为了避开挖掘而直接通过索引源数据来检索 OPSM，他们提出带有行列表头的前缀树索引方法、基于行/列关键词的精确/模糊查询技术的 OPSM 查询方法。Jiang 等（2016a）为了提升局部模式挖掘结果中检索少量符合用户要求的双聚类 OPSM 查询的相关性，提出了基于枚举序列与多维索引的两种查询方法，其利用自定义约束从提出的两种索引中搜索相关结果。在真实数据集上的实验结果表明，与蛮力搜索方法相比，基于枚举序列与多维索引的两种查询方法能够更准确、更有效地检索 OPSM。姜涛等（2017）为进一步减少文献（Jiang T 等，2016a）的索引大小，提出了基于数字签名与 Trie 的 OPSM 索引与查询方法。实验结果证明了所提出查询方法的有效性与准确性。Jiang 等（2015b）设计和实现了基于蝶形网络和带有行与列表头的前缀树索引的 OPSM 并行挖掘、索引与检索系统 OMEGA（Order-preserving submatrix Mining, indExinG and seArch tool）。姜涛等（2016b）对文献（Jiang T 等，2015a）的工作进行了扩展，将原来的正相关模式的搜索增加为正相关、负相关、时滞正负相关等模式的查询。其他相关工具的总结如表 2-8 所示。

表 2-8　基于查询的双聚类系统或工具

文献	系统/工具	功能	网址
Hochreiter S 等（2010）	FABIA	FABIA 是一个乘法模型，其捕捉在真实世界转录组数据中观察到的重尾分布，并允许利用有充分依据的模型选择方法和应用贝叶斯技术	URL[①]
Jiang D 等（2004b）	GPX	GPX 是一个集成的环境，用于交互探索基因表达数据中的一致表达模式和共表达基因	URL[②]
Dhollander T 等（2007）	QDB	QDB 引入了一种新的贝叶斯查询驱动的双聚类框架，允许从一组种子基因（查询）中引入知识来指导模式搜索	URL[③]
Alqadah F 等（2012）	QBBC	QBBC 允许用户给出紧密共表达或功能相关的种子，以修剪搜索空间并引导双聚类。QBBC 是由一个新的公式提出的，它结合了低方差双聚类技术和形式概念分析的优点	URL[④]
Jiang T 等（2015b）	OMEGA	OMEGA 利用前缀树对基因表达数据进行索引，并根据基因或条件查询 OPSM	URL[⑤]

2.4.4　约束型双聚类

目前，约束型双聚类的相关研究相对较少，其是一种对基因表达数据挖掘与分析的新方法。Pensa 等（2006，2008a）提出一种从局部到整体的方法来建立间隔约束的二分分区，该方法是通过扩展从 0/1 数据集中提取出来的一些局部模式来实现的。基本思想是将间隔约束转换成一个放松的局部模式，接着利用 K 均值算法来获得一个局部模式的分区，最后对上述分区做后续处理来确定数据之上的协同聚类结构。随后，Pensa 等（2008b）对 Pensa R G 等（2006）和 Pensa R G 等（2008a）进行了扩展，主要的不同点有：①作者同时在行列之上应用目标函数来评价双聚类的好坏；②Pensa R G 等（2008b）将 Pensa R G 等（2006）和 Pensa R G 等（2008a）中

---

① http：//www. bioinf. jku. at/software/fabia/fabia. html.

② http：//www. cse. buffalo. edu//DBGROUP/bioinformatics/GPX/.

③ http：//homes. esat. kuleuven. be/tdhollan/Supplementary_Information_Dhollander_2007/index. html，http：//homes. esat. kuleuven. be/~kmarchal.

④ http：//faris-alqadah. heroku. com.

⑤ https：//sites. google. com/site/jiangtaonwpu/.

的数据从 0/1 矩阵扩展到了实数数据；③提升 must-link 与 cannot-link 这两类约束在行列之上的处理性能。Tseng 等（2008）发现现有约束聚类方法大多是类 K 均值方法，且只能解决基于距离的相似度问题。为此，他们提出一种约束层次聚类方法，并将其命名为 C-CCL（Correlational-Constrained Complete Link），该方法利用相关系数作为测度，相比现有算法具有较好性能。

2.4.5 存在的问题

当前关于基因表达数据挖掘与管理的研究取得了一定的进展，但是还存在一些问题。例如，基因表达数据中局部模式的快速挖掘、基因表达数据中局部模式的索引、基因表达数据中基于关键词的局部模式查询、基因表达数据中局部模式的约束型查询。具体问题如下：

（1）随着数据密集型计算平台的出现，如何在分布式并行环境下快速挖掘基因表达数据中局部模式。

（2）随着高通量测序技术的飞速发展，大量的基因表达数据以前所未有的速度增长着。同时，由于基因表达数据分析代价不断减小，大规模的局部模式分析结果也累积下来。如何为这两种数据集设计一个通用的索引结构和查询方法显得尤为迫切。据我们所知，从基因表达数据中挖掘局部模式的耗时远远超过从局部模式数据中搜索局部模式，但是，局部模式的数据量远远大于基因表达数据。如何保证索引能容纳于内存中、索引更新更高效、基于索引的查询更快且具有可扩展性是一项具有挑战性的工作。

（3）虽然局部模式的检索可以通过关键词的查询来处理，但是查询结果大的相关性很难满足。

（4）假如上述问题都可以圆满解决，但如何设计同时满足索引数据量小且查询性能又较高的方法有待研究。

2.5 未来研究方向

尽管现有方法实现了一些研究突破，但是在一些方面仍需要进一步思考和拓展。笔者认为在局部模式的挖掘、索引与检索领域还有如下方面可以进行尝试与探索：

（1）现有的局部模式挖掘大多数是针对单机而设计的，且不管从挖掘结果的数量还是效率上都很难令人满意。目前，云计算等分布式并行计算环境正在不断发展中，为基因表达数据等生物信息挖掘提供了有利的平台。然而，现有方法还不能简单地移植到新的环境中，亟待设计与实现新的计算与通信框架来提高计算的效率与保证计算结果的完整性。

（2）现有的大多数方法关注的是局部模式的批量挖掘，且挖掘出的大量结果很难得到有效的利用。研究与实践表明，基于索引与查询等数据管理和检索技术能够从海量数据中有效地提取想要的信息，且能在很大程度上提高结果的利用效率以及检索结果的相关度。

（3）现有局部模式挖掘方法没有做到领域知识的抽取与有效利用。文献中存在大量来自不同专家的领域知识，其若被有效地提取出来，将从本质上改变缺乏先验知识的现状。另外，现有的爬虫技术与知识抽取方法并不一定适用于本研究，所以还需要进一步地优化与扩充。从上述分析中可以看出，有必要研究新的数据挖掘与管理方法来对基因之间相互作用的情况进行研究，进一步为生物医学探索提供关键的引导性知识。

随着高通量测序技术的大规模应用推广、大数据应用的兴起和数据密集型等大规模计算平台的普及，局部模式的挖掘、索引与查询方法的研究必将得到更为广泛的关注，同时也将面临新的未知的挑战，需要科研工作者结合业界的动态不断地探索。

2.6　小结

基因微阵列技术使基因表达数据的产生速度加快、数量增大。双聚类技术又将挖掘结果的类型从单向聚类的整体模式转换为局部模式。因为双聚类在基因表达数据分析方面的成果同样可以移植或转化到如商品推荐、直销与选举分析等领域，所以很有必要对现阶段双聚类的研究成果加以整理与总结。本章从局部模式定义、局部模式类型与标准、研究现状、未来的研究方向等方面梳理了基因表达数据中的局部模式挖掘技术，同时指出虽然局部模式的研究已经开展了很多年，也涌现出大量的重要研究成果，但是随着大数据技术与系统的产生与发展，现有局部模式挖掘方法并不一定完全适用于新形势与新情况。本章针对局部模式挖掘的综述研究希望能够为关注大数据中局部模式挖掘理论与应用的研究者和实践领域专家提供借鉴。

3 基于蝶形网络的基因表达数据并行分割与挖掘方法

3.1 引言

高通量技术（如基因微阵列）的飞速发展使同时测量一个器官的所有基因的表达水平成为可能。这样，也就积累了大量的基因表达数据（Chui C K 等，2008；Zhang M 等，2008；Fang Q 等，2010；Gao B J 等，2006；Gao B J 等，2012）。这些数据可以看作 $n \times m$ 的矩阵，其中 n 为基因数目（行数）、m 为实验条件个数（列数）、矩阵中的每个数据表示给定基因在设定实验下的表达水平。目前，OPSM 模型已经成为一种重要的基因表达数据分析工具，因为其在推断和创建基因调控网络中发挥着重要的作用。设计 OPSM 模型的目的是从基因表达数据中发现部分行和部分列组成的子矩阵，这个子矩阵中的部分行和部分列在基因表达水平上又要表现出同样的升降趋势。例如，表 3-1 展示了两组基因在四个实验条件下的表达水平[①]，其中图 3-1 是表 3-1 两组数据的图形化表示。

表 3-1 OPSM 举例

（a）		gal1RG1（t_1）	gal2RG1（t_2）	gal3RG1（t_3）	gal4RG1（t_4）
	YDR073W（g_0）	0.155	0.076	0.097	0.013
	YDR088C（g_1）	0.217	0.084	0.138	−0.159

---

① http://genomebiology.com/content/supplementary/gb-2003-4-5-r34-s8.txt.

续表

(a)		gal1RG1 (t_1)	gal2RG1 (t_2)	gal3RG1 (t_3)	gal4RG1 (t_4)
	YDR240C (g_2)	0.375	0.115	0.254	-0.094
	YDR473C (g_3)	0.238	0	0.165	-0.191
(b)		gal1RG1 (t_1)	gal2RG1 (t_2)	gal3RG1 (t_3)	gal4RG1 (t_4)
	YHR092C (g_5)	0.394	0.909	0.818	1.07
	YHR094C (g_6)	0.385	0.822	0.768	1.013
	YHR096C (g_7)	0.329	0.69	0.55	0.79
	YJL214W (g_8)	0.384	0.73	0.529	0.852

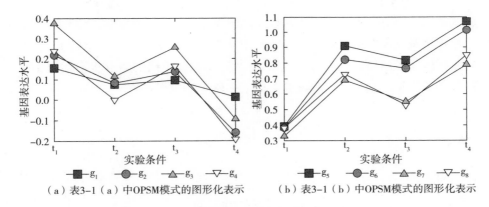

（a）表3-1（a）中OPSM模式的图形化表示　　（b）表3-1（b）中OPSM模式的图形化表示

图 3-1　表 3-1 中两个 OPSM 模式的图形化表示

目前，研究者们已经提出许多方法用来发现重要的 OSPM。Gao 等（2006，2012）观察到少部分基因在多种实验条件下紧密地协同表达，为此他们提出了名叫 KiWi 的框架用来解决该问题，其可以大大减少数据的搜索空间以及问题的规模。然而，由于真实基因表达数据存在天然的噪声，现有的方法不能很好地发现重要的 OPSM。为了解决这个问题，Zhang 等（2008）提出一种名为 AOPC 的抗噪模型。同样为了解决噪声问题，Chui 等（2008）利用多份冗余数据来降低噪声并找到高质量的 OPSM。随后，Fang 等（2010）提出一种名为 BOPSM 的 OPSM 宽松模型，其考虑加入线性的宽松。虽然现有方法在一定情况下表现良好，但是从大规模基因表达数据中挖掘局部模式时，一般耗时在若干小时或者天以上，而用户对挖掘结果的等待时间又较少，所以很有必要加快批量挖掘算法的处理速度。

随着基因表达数据在规模与数量上的高速增长，处理这些大规模数据的快速挖掘技术的需求也与日俱增。然而，OPSM 的快速挖掘是一个具有挑战性的问题（Chui C K 等，2008；Zhang M 等，2008；Fang Q 等，2010）。具体原因如下：①生物个体中有大量的基因与生理条件（也叫实验条件，在本书中可交换使用），OPSM 挖掘关于上述两个维度的计算复杂度为 $O(m^2n^2)$，其中 m 为生理条件个数、n 为基因个数。比如，在人体的每一个复杂器官中约有上千个基因，而人体共有 90 多个器官，因此人类拥有上万个基因（具体个数为 27000 个）。人类 1/3 的基因（10000 个）在 200 个生理条件下产生的表达数据用来挖掘 OPSM，耗时超过 10 个小时，见图 3-2（a）。对于 1000 个基因，在 20 个到 200 个实验条件下产生表达数据用来挖掘 OPSM，耗时由 11 秒增长到 453 秒，见图 3-2（b）。②为了减少基因表达数据中噪声数据的影响，提出了 OPSM-RM 方法（Chui C K 等，2008），其时间复杂度为 $O(km^2n^2)$，k 为数据的份数。然而，单机的内存没有足够的空间来加载大量的同样基因和实验条件下多版本的数据。

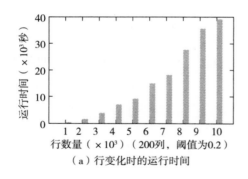 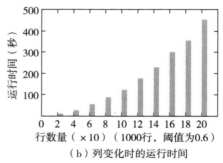

（a）行变化时的运行时间　　　　　　（b）列变化时的运行时间

图 3-2　单机上的 OPSM 挖掘性能

尽管这是一个较难解决的问题，但是分布式并行处理技术（Dean J 等，2004）不失为一种可以用来快速分析基因表达数据的方法。例如，Hadoop 是一个 MapReduce 的开源实现，其通过集群利用简单的编程接口来分布式处理大规模数据。然而，在 MapReduce（Ding L 等，2012）处理框架的 Map 或 Reduce 间并没有通信机制，这样就必须通过多轮的迭代来促使结果完整，所以费时费力、效率低下，不是一种理想的解决方案。Hama 是一个为了大规模科学计算而在 Hadoop 分布式文件系统之上设计的纯大同步（BSP）（Feldmann R 等，1992）计算框架。虽然在一些方面 Hama 的性能要优于

Hadoop，但是在处理基因表达数据时也存在自身的弱点。具体如下：①在每一个超步期间，每个节点都要与其余节点交互信息，这样使 Hama 平台之上的每个节点内都产生不同程度的冗余数据。②虽然可以通过配置多个节点做前期计算而后期计算通过一个节点来处理，但是在后期剩余节点没有得到充分的利用，同时这个超步要耗费远远超过其他超步所消耗的时间。③做后期处理的一个节点需要收集来自其他节点的数据，不仅在数据传输上消耗了大量带宽，而且使自身没有足够空间来存储和计算。因此，数据的交互要适量适度。幸运的是，Hama 提供了一个简单的、灵活的且容易使用的编程接口，其可以用来解决数据的适度、适量传输与交换问题。为了填补这个空白，本书扩展了 Hama BSP 框架，即其利用蝶形网络来减少通信时间、网络带宽以及数据冗余比重。该扩展框架使节点间在 $\log_2 N$ 个超步过程中完成数据交换，同时只产生了少量的冗余数据。

本章的主要贡献如下：

（1）为了减少通信时间与网络带宽，对 Hama BSP 框架进行了扩展，设计了基于蝶形网络的 Hama BSP 框架 BNHB。为了减少分析结果的冗余度，提出了基于分布式哈希表的去冗余策略。

（2）实现了一种现有的 OPSM 挖掘方法，以及名叫 BNHB 框架的基于蝶形网络的 Hama BSP 处理框架。在单机、Hama BSP 和 BNHB 三种平台之上验证了所提出方法的有效性与可扩展性。

本章的组织结构安排如下：第 3.2 节给出了基础概念和 OPSM 挖掘算法在各个平台上实现过程中存在的问题。第 3.3 节描述了并行分割框架与相应的处理方法。第 3.4 节报告了实验结果。第 3.5 节讨论了研究现状。第 3.6 节进行了总结。

3.2 问题定义与分析

本节主要介绍本章用到的一些概念、OPSM 挖掘方法的具体细节以及 OPSM 挖掘方法在 MapReduce 和 Hama BSP 处理框架上实现的 OPSM 挖掘方法的优缺点。

3.2.1　问题定义

表 3-2 给出了本书中用到的相关符号及其说明。

表 3-2　相关符号与说明

符号	说明	符号	说明
G	基因集合	x	一行基因表达值
g	部分基因	x_{ij}	一个基因表达值
g_i	一个基因	$D(G,T)$	源数据集
T	实验条件集合	$LCS(g,t)$	最长公共子序列
t	部分实验条件	$Core(M_i)$	OPSM 的核
t_i	一个实验条件	$S(g_i,M_i)$	g_i 与 M_i 的相似度
$M_i(g,t)$	一个保序子矩阵	S_{min}	相似度的阈值

定义 3-1　保序子矩阵（OPSM）：见定义 1-1。

定义 3-2　OPSM 的核：给定一个 OPSM $M_i(g,t)$，OPSM 的核，表示为 $Core(M_i)$，是 g 和 t 所在的子矩阵中，g 关于 t 在基因表达值上递增/减排序后，列标签所拥有的最长公共子序列 LCS。

定义 3-3　相似度：为度量一个基因 g 和已有 OPSM 之间的相似度，将二者间的相似度定义为 $LCS(g_i \cup g,t)$ 和 $Core(M_i)$ 间的交集与数据集列数 m 间的比率，表示为 $S(g_i,M_j)=|LCS(g_i \cup g,t) \cap Core(M_i)|/m$。同样，$M_j(g',t')$ 和 $M_k(g'',t'')$ 之间的相似度定义为 $S(M_j,M_k)=|Core(M_j) \cap Core(M_k)|/m$。

在本章研究中，如果没有特殊说明，术语"相似度"与"阈值"为同一意思，可以交替使用。

3.2.2　优缺点分析

本小节主要介绍一种现有 OPSM 挖掘方法（Fang Q 等，2010），以及其在单机、MapReduce 和 Hama BSP 之上实现所具有的优缺点。

例 3-1　OPSM 挖掘方法在单机上的实现：表 3-3（a）展示了一个拥有 16 行×4 列的基因表达数据。挖掘方法用到的结果阈值为 0.6。

表 3-3（b）和表 3-3（c）分别给出了单机之上的 OPSM 挖掘的中间结果与最终结果。

表 3-3　OPSM 数据集

(a)		0	1	2	3		0	1	2	3
	g_0	21	33	42	54	g_8	5	7	2	4
	g_1	11	23	37	46	g_9	44	76	23	31
	g_2	2	7	10	18	g_{10}	22	35	66	17
	g_3	3	10	15	27	g_{11}	14	24	4	11
	g_4	13	2	5	9	g_{12}	10	24	31	5
	g_5	19	3	8	15	g_{13}	9	15	23	4
	g_6	25	8	13	17	g_{14}	24	38	47	9
	g_7	37	12	18	26	g_{15}	22	37	43	7
(b)		列索引（标签）					列索引（标签）			
	g_0	0	1	2	3	g_8	2	3	0	1
	g_1	0	1	2	3	g_9	2	3	0	1
	g_2	0	1	2	3	g_{10}	2	3	0	1
	g_3	0	1	2	3	g_{11}	2	3	0	1
	g_4	1	2	3	0	g_{12}	3	0	1	2
	g_5	1	2	3	0	g_{13}	3	0	1	2
	g_6	1	2	3	0	g_{14}	3	0	1	2
	g_7	1	2	3	0	g_{15}	3	0	1	2
(c)	基因				实验条件					
	$g_0\text{-}g_3$				0	1	2	3		
	$g_4\text{-}g_7$				1	2	3	0		
	$g_8\text{-}g_{11}$				2	3	0	1		
	$g_{12}\text{-}g_{15}$				3	0	1	2		
	$g_0\text{-}g_3，g_{12}\text{-}g_{15}$				0	1	2			
	$g_0\text{-}g_7$				1	2	3			
	$g_4\text{-}g_{11}$				2	3	0			
	$g_8\text{-}g_{15}$				3	0	1			

例 3-1 展示了单机之上 OPSM 挖掘的过程，算法 3-1 给出了具体实现

细节。首先，对每一行的表达值由小到大或由大到小（本书选择由小到大）进行排序，排好序之后相应表达值用列标签代替（算法 3-1 的第 1 行）。其次，计算每一对基因表达值排序后并替换为列标签序列间的最长公共子序列 LCS（第 3~9 行）。如果 LCS 的长度小于 $m \times \rho$，其中 ρ 为挖掘结果的阈值，那么就删除该 LCS，即该 LCS 不加入中间结果。因为最长公共子序列算法 LCS（）是一个经典的方法，这里不再做详细介绍。最后，对中间结果作总结（第 10 行）。据我们所知，不管基因表达数据分割到多少个集群节点上，最终的挖掘结果应该都与单机之上产生的数据一致。因此，我们可以将其作为评价本研究所提出方法性能好坏的标准。

算法 3-1 单机 OPSM 挖掘方法。

输入:$n \times m$ 数据集 $D(G,T)$,挖掘结果的阈值 ρ;输出:OPSM 挖掘结果 $M_t(g,t)$。

1. 对每行实数基因表达数据按从小到大进行排序,之后替换为相应的列标签;
2. **for**$(i=0;i<n-1;i++)$**do**
3.   **for**$(j=i+1; j<n; j++)$**do**
4. $LCS(g_i,g_j,g_i.length,g_j.length,b[][],c[][]);$//寻找公共子序列
5. $lcs \leftarrow PrintLCS(g_i,g_j);$
6.   **if**$(lcs.length<m \times \rho)$**then**
7.   prune lcs;//若 lcs 的长度小于阈值,则剪枝
8.   **else**
9. $LCSs.add(lcs);$
10. 精简与总结所有的挖掘结果 $LCSs$;

例 3-2 OPSM 挖掘方法在 Hadoop 上的实现：用到的数据集和结果阈值同例 3-1。Hadoop 之上的 OPSM 挖掘的中间结果与最终结果分别如图 3-3 和表 3-3（c）所示。

图 3-3 展示了例 3-2 中的 Hadoop 之上 OPSM 挖掘的过程。在第一个迭代中，启动了 4 个节点。由于处理数据较多，这里只描述第 2 个节点（图 3-3 中第二排左起第 2 个矩形）的处理过程，其他 3 个节点的处理过程与该节点类似。该节点读取 4 行源数据，即 g_1、g_5、g_6 和 g_7 的表达数据，具体数据见表 3-3（a）。接着，其对基因表达数据进行排序，并替换为相应的列标签（列编号），具体数据为 "g_1: 0, 1, 2, 3; g_5: 1, 2, 3, 0; g_6: 0, 1, 2, 3; g_7: 0, 1, 2, 3"。然后，计算每两行间的最长公共子序列 LCS，结果见图 3-3 中第二行的第 2 个矩形中。因为 "g_5-g_7: 2, 3, 0" 被 "g_5-g_7: 1,

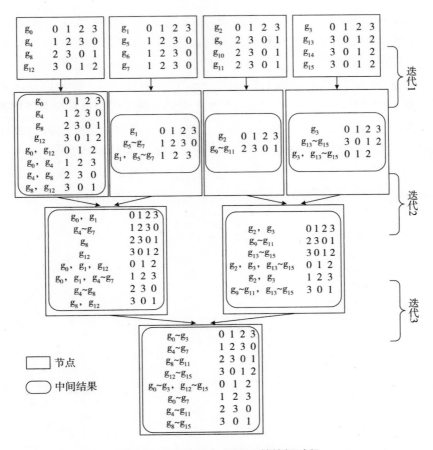

图 3-3 Hadoop 上 OPSM 的挖掘过程

2，3，0"包含，所以将其忽略。在第二个迭代中，Hadoop 平台启动两个节点，这里同样只描述第二个节点（图 3-3 中第三排左起第 2 个矩形）。该节点将第一个迭代中第 3、4 节点产生的数据读入内存，经过两两序列的比对之后，输出结果，见图 3-3 中第三排左起第 2 个矩形。在第 3 个迭代中，Hadoop 平台只启动一个节点。该节点读入第 2 个迭代中两个节点产生的数据，经过计算输出结果，见图 3-3 中底部矩形。

例 3-2 中省略了包含在其他结果中的部分结果，保留了需要多次计算才能计算出的结果。例如，省略"$g_{13}-g_{15}$：3，0，1"但保留"g_3，$g_{13}-g_{15}$：0，1，2"，见图 3-3 中第二排右侧第一个矩形。因为前者可以简单地从其他结果中推理出来，而后者需要多次迭代才能得到，且在计算资源紧缺的情况下非常耗时。如果仅在 IO 受限情况下，两种结果都可以忽略。

因为 MapReduce 框架下 Map 或 Reduce 间没有通信机制，仅利用一次迭代无法保证结果的完整性，所以运行了一系列的自定义 Map 与 Reduce 函数。然而，MapReduce 每次启动耗时较长，扩展 MapReduce 框架或者提出一个新的方法就非常迫切。

例 3-3 OPSM 挖掘方法在 Hama 上的实现：所用的数据集和结果阈值同例 3-1。数据传递的规则是每个节点传输压缩的源数据到其他节点。Hama 之上的 OPSM 挖掘的中间结果与最终结果如图 3-4 所示。虽然其减少了部分冗余结果，但是最后一个超步非常耗时的问题仍然没有解决。

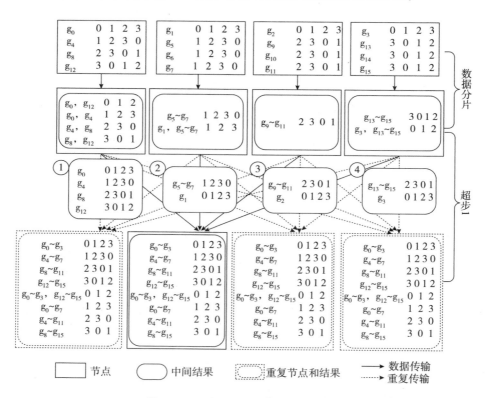

图 3-4 Hama 上 OPSM 的挖掘过程

图 3-4 展示了例 3-3 中的 Hama 之上 OPSM 挖掘的过程，其中存在若干问题：①每个超步过程中，每个节点收到的数据量较大。比如，在数据传输阶段，每个节点都要收到标有数字标签的圆角矩形中的 10 行数据。据我

们所知，16 行原始数据分成 4 份，相当于每份 4 行数据，但是每个节点收到的数据都是 10 行，相当于本地数据的 2.5 倍。②虽然省去了图 3-4 底部虚线框中的冗余数据，但是其依旧需要一个很长的超步来总结结果，这是因为在最后一个超步中只有一个节点在工作。所以，应该考虑上述问题并给出相应的解决方法。

如果不对基本 Hama BSP 框架做改动的话，比如例 3-3，只能做到减少冗余结果。这样的话，其他节点都不能得到充分的利用，其同样需要一个耗时较长的超步。

从上述分析中得知，解决上述问题的前提应该是在充分利用每个节点的前提下的改进或优化，而非只利用一个节点而停掉其他节点。因此，该问题转化为如何减少数据的传输量以及冗余结果的比重。我们将在第 3.3 节中对基本 Hama BSP 框架进行改进与优化。

3.3　并行分割方法

本节首先介绍 Hama BSP 的优化模型 BNHB 框架，其次提出一种 BNPP 方法来规范节点间的数据传输，再次利用分布式哈希表来减少数据冗余的比重，最后用理论证明了所提出的方法能够保证得到挖掘结果的完整性。

3.3.1　基于蝶形网络的 Hama BSP 框架

为了保证 Hama 平台上的每个节点都有足够的空间保存接收到的数据、占用较少的带宽，以及产生较少冗余比例的挖掘结果，本节提出了基于蝶形网络的 Hama BSP 分布式并行处理框架，具体情况见图 3-5。

从例 3-3 在图 3-4 中的情况可以看出，在每个超步中，如果每个节点都要与剩余的节点通信和交换数据，就会产生大量的冗余结果。如果将每个节点都与剩余节点通信和交换数据的方式变为两两通信和交换数据，就可以在很大程度上减少冗余结果，同时也保证了集群中所有节点的充分利用。因此，该策略可以实现前文提到的目标。现在唯一担心的是该方法是否能保证最终挖掘结果的完整性。幸运的是，本章证明了所提出方法能够

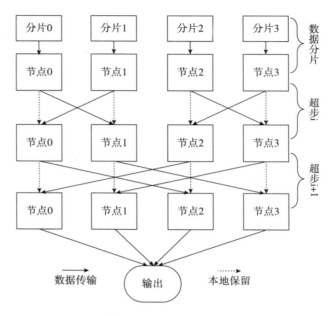

图 3-5　基于蝶形网络的 Hama BSP 框架

保证最终挖掘结果的完整性，理论证明见 3.3.3 节。

图 3-5 展示了基于蝶形网络的 Hama BSP 处理框架，其继承了 Hama BSP 的优良的基本特性，且利用了 Hadoop 分布式文件系统来保存中间结果与最终结果。在该框架中，每个节点扮演着如同在基本 Hama 平台上的角色。在每个超步中，首先，每个节点接收由 Master 分配的数据片段（Split）。其次，做本地处理工作，即序列间的比对工作。再次，在每个超步中，每个节点与剩余节点中的一个节点进行通信。注意，每个节点每次都与不同的节点交换数据，之后进入大同步阶段。最后，将挖掘结果保存到 Hadoop 分布式文件系统 HDFS 中。当然，新的框架与基本 Hama 框架还有许多不同之处：①新的框架的超步数目不多于 $\log_2 N$（N 为集群中节点的数目），而不是基本框架的确定步数。②在每个超步中，新框架的每个节点只需要与剩余节点之一进行通信，而非基本框架的剩余所有节点。③新框架的每个节点每次都要选择不同的节点进行交互。④在每个超步中，新框架中的每个节点仅能与 1 个或者 0 个节点进行交互。

接下来，我们首先详细描述如何利用新框架来处理 OPSM 挖掘的过程（见图 3-6），同时制定数据交互的规则。

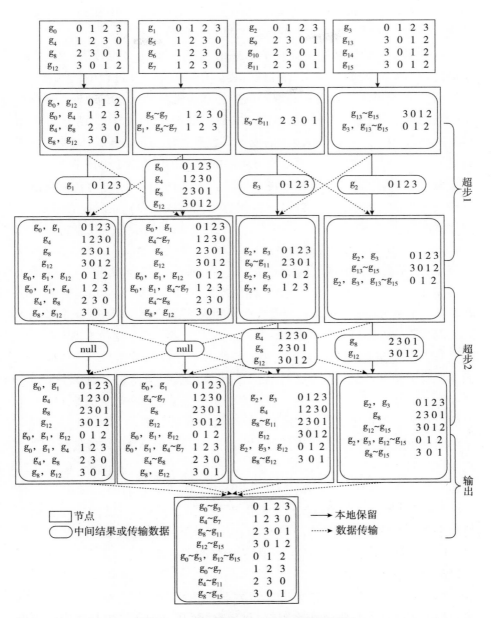

图 3-6 BNHB 框架上 OPSM 的挖掘过程

例 3-4 OPSM 挖掘方法在 BNHB 上的实现：用到的数据集和结果阈值同例 3-1。数据传递的规则稍后给出。Hama 之上的 OPSM 挖掘的中间结果与最终结果如图 3-6 所示。显然，BNHB 之上的挖掘结果和表 3-3（c）中的完全一致，可知 BNHB 之上的挖掘结果是完整的。

有关例 3-4 的详细过程请参考图 3-6。首先，每个节点读入一份数据，之后进入不大于 $\log_2 N$ 个超步的处理过程。在第 1 个超步过程中，每个节点利用图 3-6 中第 1 排中各自获取到的数据在本地做两两比对处理，接着产生中间结果，见图 3-6 中第 2 排。之后，集群中的 4 个节点分为 2 组（$\log_2 4/2^{1-1} = 2$），且每个分组中的成员个数都为 2，即 4/2 = 2。之前的 2 个分组又分成 2 个小半组。即第一个分组中的节点 0 和节点 1 分成节点 0 与节点 1 两个小半组，第 2 个小组的再分组同上。同一组内两个小半组之间的交互步长为小半组大小，即 2/2 = 1（分组方法见算法 3-2）。在通信阶段，节点 0 将数据 "g_0: 0，1，2，3"、"g_4: 1，2，3，0"、"g_8: 2，3，0，1" 和 "g_{12}: 3，0，1，2" 传递给节点 1，节点 1 将数据 "g_1: 0，1，2" 传递给节点 0，节点 2 将数据 "g_2: 0，1，2，3" 传递给节点 3，节点 3 将数据 "g_3: 0，1，2，3" 传递给节点 2（详见规则 3-1，规则 3-2，规则 3-3 将在本节后文部分给出）。为了等待节点间完成数据的交互工作，4 个节点进入大同步阶段。在第 2 个超步中，每个节点首先做收到数据与本地源数据间的比对工作（详见规则 3-4）。之后，每个节点做收到数据与本地中间结果间的比对工作（详见规则 3-5）。在本地计算之后，集群之上的 4 个节点分为 1 组（$\log_2 4/2^{2-1} = 1$）。之后又将这个分组分成 2 个小半组，即第 1 个小半组的成员为节点 0 和节点 1，第 2 个小半组的成员为节点 2 和节点 3。同一组内两个小半组之间的交互步长为小半组大小，即 4/2 = 2。在通信阶段，节点 0 将数据 "g_4: 1，2，3，0"、"g_8: 2，3，0，1" 和 "g_{12}: 3，0，1，2" 传递给节点 2，节点 1 将数据 "g_8: 2，3，0，1" 和 "g_{12}: 3，0，1，2" 传递给节点 3，节点 2 和节点 3 没有数据要传递给节点 0 与节点 1，这是因为这两个节点本地的数据都有了最长的公共子序列（详见规则 3-2）。之后，4 个节点进入大同步阶段。最后，由于超步的数目达到 $\log_2 N$（规则 3-6），4 个节点输出最终结果。

接下来，归纳总结节点交互以及数据传输的规则。

规则 3-1 一个基因的源列标签排列数据（先对每一行基因表达数据做排序处理，接着将相应表达值替换为各自列标签，简称源数据），如果没有获取到最长的最长公共子序列（如果列标签排列数据的列数为 m，那么其最长公共子序列的最长长度就为 m），那么就将该基因的源列标签数据传递

给其要进行交互的节点。

规则 3-2   如果一个基因的源列标签排列数据已经在某个超步中使用，即其已经获取到最长的最长公共子序列，那么该源数据在后续的超步中就不再传递给其他节点。

规则 3-3   由基因的源列标签排列数据产生的中间结果不传递给其他节点。

规则 3-4   如果来自节点 i 的源列标签排列数据传递给节点 j，该源数据将与节点 j 中的源数据作比对，并找到最长公共子序列。

规则 3-5   来自节点 i 的源列标签排列数据将与节点 j 产生的中间结果作比对，并找出最长公共子序列。

规则 3-6   如果没有源数据要传输或者超步个数达到 $\log_2 N$，那么 Hama 平台的计算工作就要停止。

3.3.2   基于分布式哈希表的去冗余方法

在给出 OPSM 挖掘的例子之前，介绍数据分割方法、减少数据传输量以及去冗余方法的详细内容。注意，新框架 BNHB 利用默认哈希分割方法来分割数据。

通过分布式哈希表来总结 LCS 和统计 LCS 数目的例子见图 3-7。通过哈希分割方法得到的 4 份数据见图 3-6。当产生一个 LCS 后，其采用自定义哈希函数 $hash(\text{LCS}, No.)$（$No.$ 代表所有种类的 LCS 个数）计算存储该 LCS 的内存地址，长度为 m 的 LCS 的内存地址存储在 $Array[hash]$ 中，长度小于 m 的 LCS 的内存地址存储在 $Array1[hash]$ 中。分布式哈希表 DHT 用来检测该 LCS 是否已经存储在内存中。如果已经存在或者产生，那么就将该 LCS 的个数加 1，即数组中该元素的位置 $ArrayNo[hash]$ 加 1。例如，其读取到数据"g_3：0 1 2 3"，见图 3-6。接着计算其哈希地址，通过计算得到哈希地址为 $3(0 \times 10^3 + 1 \times 10^2 + 2 \times 10^1 + 3) \bmod 4 = 3$，mod 表示取余数运算。之后，将"0 1 2 3"作为第一个长度为 4 的 LCS 存储在 LCS 的链表中，即将"0 1 2 3"在链表中的地址 0 存储到数组 $Array[3]$ 中（3 为上边算出的哈希地址，且将 $Array[3] = -1$ 变为 $Array[3] = 0$）。同时，将"0 1 2 3"的数量加 1，其通过 $ArrayNo[3]$ 中内容的改变来体现，这里将其值 $ArrayNo[3] = 0$ 变为 $ArrayNo[3] = 1$。其他数据的处理过程同上。类似地，挖掘长度小于 4 的 LCS 的过程与挖掘长度为 4 的过程相同，更多细节请参考图 3-7。

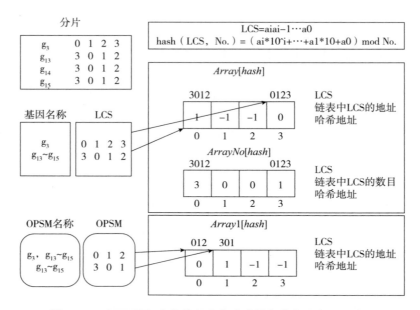

图 3-7　BNHB 框架上的基于分布式哈希表的去冗余处理过程

通过分布式哈希表来减少数据传输量的例子见图 3-8。在基本 Hama BSP 框架中，每个节点都要将自身产生的中间结果传递给其他节点，这一特点不适用于基因表达数据，因为其产生的中间结果数目巨大。在图 3-8 中，$ArrayNo[hash]$ 记录每一个长度为 m 的 LCS 的个数，这是规则 1 的具体实现。其他 5 个规则的使用方法见图 3-6。如果 $ArrayNo[hash]$ 中的记录为 1，那么就将该行记录到行号集合 $rowSend$ 中。当做完本地计算之后，该节点将记录在行号集合 $rowSend$ 中的行号的本地数据传递给相应的其他节点。例如，在图 3-8 中，两个节点中的行号集合 $rowSend$ 中记录的需要传递的数据都为行 0，因为这是第 1 个超步，即步长为 1（超步数目、步长以及节点集合的计算方法将在后文给出），两个节点都将本地的行 0 的源数据传递给对方。上述所要传递的数据量是本地数据量的 1/4，且远远小于中间挖掘结果的数据量。

通过例 3-4 知道基于蝶形网络的分布式并行处理方法 BNPP 如下。蝶形网络中节点个数 N 必须为以 2 为底的指数，即 2^n，其中 n 为超步最大个数。

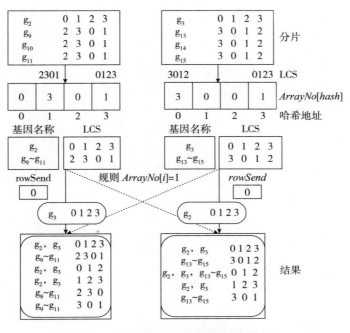

图 3-8 BNHB 框架上的数据传输过程

为了方便表示，蝶形网络中的节点用整数来表示，范围为（0，2^n-1）。在第 i 个超步中，每个节点先做本地计算；接着将 N 个节点分为（$\log_2 N$）/2^{i-1} 组，$1 \leqslant i \leqslant n$，即每一组必须有 2^i 个成员，且这些成员拥有连续的编号；然后每一组又分成 2 个半组，每个半组中的节点与另一半组中步长之差为 2^{i-1} 的节点进行交互。最后，当所有节点都完成交互之后，就进入同步阶段。接下来重复上述步骤，直到没有信息传递或者超步数目达到 $\log_2 N$，Hama 平台的计算工作就停止了。

算法 3-2 基于蝶形网络的并行分割与挖掘方法（BNPP）。

1. $geneName \leftarrow \Phi;LCSs \leftarrow \Phi;Array[] \leftarrow -1;ArrayNo[] \leftarrow 0;$

2. $opsmName \leftarrow \Phi;OPSMs \leftarrow \Phi;Array1[] \leftarrow -1;LCS.getData();step \leftarrow 1;$

3. 接收到的数据与本地的源数据进行比对 ;/* 本地计算阶段 */

4. **if** $Array[hash(LCS)]=-1$ **then** // 规则 3-4

5. $geneName.add(LCS.name);LCSs.add(LCS);$

6. $Array[hash] \leftarrow LCSs.size()-1;ArrayNo[hash]++;$

7. **else** $geneName.get(hash).add(LCS.name);ArrayNo[hash]++;$

8. 接收到的数据与本地的中间结果进行比对;

9. **if** $Array1[hash(LCS)]=-1$ **then** // 规则 3-5

10. $opsmName$.add(LCS.name);$OPSMs$.add(LCS);$Array1[hash]\leftarrow LCSs$.size()-1;

11. **else** $opsmName$.get($hash$).add(LCS.name);

12. **if** $ArrayNo[i]=1$ **then** $rowSend$.add($Array[i]$);// 规则 3-1,3-2,3-3

13. **if** $rowSend$.getData() $\neq$ $null$ **then** $flag=true$;**else** $flag=false$;// 规则 3-6

14. **while** $step \leq log_2N$ && $flag=true$ /* 数据交互阶段 */

15. $grpSz\leftarrow 2 \times step$, $hfGrpSz\leftarrow 2 \times (step-1)$; // 组与半组大小计算方法

16. **for** $i=0;i<N;i=i+grpSz$ **do** // 将 N 个节点分为若干组

17. $grpLt\leftarrow i$,$grpMid\leftarrow i+hfGrpSz$,$grpRt\leftarrow i+grpSz-1$;

18. **for** $j=grpLt; j< grpMid;j++$ **do** // 左半组两两节点间进行数据交互

19. node j sends data in rowSend to node $j+hfGrpSz$;and vice versa;

20. **for** $k=grpRt;k \geq grpMid;k--$ **do** // 右半组两两节点间进行数据交互

21. node k sends data in rowSend to node $k-hfGrpSz$;and vice versa;

22. $step++$;

23. $node$.sync();/* 同步处理阶段 */

3.3.3 结果完整性的证明

定理 3-1 利用基于蝶形网络的并行分割与挖掘方法，经过两两通信与数据传输之后获得的结果是完整的。

证明： 从表 3-2 中得知一个基因 g_i 在所有生理条件下的表达值表示为 $D(g_i,T)$，且 $D(g_i,T)=(x_{i0},x_{i1},\cdots,x_{im})$。接着，给出列标签关于基因 g_i 的表达值由小到大排列的数据，用 g_i 表示，取值为 $g_i=(e_{i0},e_{i1},\cdots,e_{im})$，其中 e_{ij} 是整数，范围为 $(0,m-1)$。假设 v 是 g_i 的一个子集合，且 $v=(e_{io},\cdots,e_{ip},\cdots,e_{iq})$，其中 $0\leq o\leq p\leq q\leq m-1$。长度为 k 的子集合的数目为 C_m^k，所以 $g_i=\bigcup_{i'=0}^{C_m^k}v_{i'}$。假设含有 n 个基因的源列标签排列数据分为 2^τ 份，其中 $\tau=log_2N$，N 为集群中节点的个数。节点 i 中分到的数据为 " $g_{i0},g_{i1},\cdots,g_{ij}$ "。

因为拥有 N 个节点的集群的超步个数不超过 log_2N，所以首先证明超步个数为 log_2N 情况下数据的完整性，之后证明超步个数小于 log_2N 情况下数据的完整性。

（1）超步个数为 log_2N 情况下数据的完整性： 集群的最大迭代步数为 $\tau+3$，其中包含 τ 个超步、1 个源数据存储步、1 个预处理步和 1 个结果总结步。第 i 步中第 j 个节点上保存的数据表示为 R_{ij}，最终结果表示为 $R_{\tau+2}$。

长度为 m 的 LCS 结果的完整性可以由规则 3-1 和规则 3-2 来保证。接下来证明长度为 k 的 LCS 结果的完整性，虽然规则 3-1 至规则 3-6 可以确保其成立，但是要考虑 N^2 种情况。这里只给出节点 0 的 N 种情况，节点 i 的 N 种情况与节点 0 的类似，由于篇幅限制，不一一给出。

1）如果 g_{ij} 中的 v_{nk} 与 $g_{i'j'}$ 中的 $v_{n'k'}$ 相同，g_{ij} 和 $g_{i'j'}$ 在同一节点上（节点 0），那么 $v_{nk} \in R_{00}, v_{n'k'} \in R_{00} \Rightarrow v_{nk}, v_{n'k'} \in R_{10} \Rightarrow v_{nk}, v_{n'k'} \in R_{\tau+2}$。

2）如果 g_{ij} 中的 v_{nk} 与 $g_{i'j'}$ 中的 $v_{n'k'}$ 相同，g_{ij} 和 $g_{i'j'}$ 在节点 0 和节点 1 上，那么 $v_{nk} \in R_{00}, v_{n'k'} \in R_{01} \Rightarrow v_{nk} \in R_{10}, v_{n'k'} \in R_{00}$ 或 $R_{10} \Rightarrow v_{nk} \in R_{10} \Rightarrow v_{nk}, v_{n'k'} \in R_{\tau+2}$。

3）如果 g_{ij} 中的 v_{nk} 与 $g_{i'j'}$ 中的 $v_{n'k'}$ 相同，g_{ij} 和 $g_{i'j'}$ 在节点 0 和节点 2 上，那么 $v_{nk} \in R_{00}, v_{n'k'} \in R_{02} \Rightarrow v_{nk} \in R_{10}, v_{n'k'} \in R_{02} \Rightarrow v_{nk} \in R_{20}, v_{n'k'} \in R_{20} \Rightarrow v_{nk} \in R_{20}, v_{n'k'} \in R_{00}$ 或 R_{10} 或 $R_{20} \Rightarrow v_{nk}, v_{n'k'} \in R_{30} \Rightarrow v_{nk}, v_{n'k'} \in R_{\tau+2}$。

4）如果 g_{ij} 中的 v_{nk} 与 $g_{i'j'}$ 中的 $v_{n'k'}$ 相同，g_{ij} 和 $g_{i'j'}$ 在节点 0 和节点 2 上，那么：①如果 $i \in (2^\xi, 2^\xi+1)$（$1 \leq \xi \leq \tau$）且 i 是偶数，得到 $v_{nk} \in R_{00}, v_{n'k'} \in R_{0i} \Rightarrow v_{nk} \in R_{10}, v_{n'k'} \in R_{0i}$ 或 $R_{1i} \Rightarrow \cdots \Rightarrow v_{nk} \in R_{\xi-1,0}, v_{n'k'} \in R_{00}$ 或 $\cdots$ 或 $R_{\xi-1,0} \Rightarrow v_{nk}, v_{n'k'} \in R_{\xi 0} \Rightarrow v_{nk}, v_{n'k'} \in R_{\tau+2}$；②如果 $i \in (2^\xi, 2^\xi+1)$（$1 \leq \xi \leq \tau$）且 i 是奇数，得到 $v_{nk} \in R_{00}, v_{n'k'} \in R_{0i} \Rightarrow v_{nk} \in R_{10}, v_{n'k'} \in R_{0i-1}$ 或 $R_{1i-1} \Rightarrow \cdots \Rightarrow v_{nk} \in R_{\xi-1,0}, v_{n'k'} \in R_{00}$ 或 R_{10} 或 $\cdots$ 或 $R_{\tau 0} \Rightarrow v_{nk}, v_{n'k'} \in R_{\tau+1,0} \Rightarrow v_{nk}, v_{n'k'} \in R_{\tau+2}$。

5）如果 g_{ij} 中的 v_{nk} 与 $g_{i'j'}$ 中的 $v_{n'k'}$ 相同，g_{ij} 和 $g_{i'j'}$ 在节点 0 和节点 $N-1$ 上，那么得到 $v_{nk} \in R_{00}, v_{n'k'} \in R_{0N-1} \Rightarrow v_{nk} \in R_{10}, v_{n'k'} \in R_{0N-2}$ 或 $R_{1N-2} \Rightarrow v_{nk} \in R_{20}, v_{n'k'} \in R_{0N-2}$ 或 R_{1N-2} 或 $R_{2N-2} \Rightarrow \cdots \Rightarrow v_{nk} \in R_{\tau 0}, v_{n'k'} \in R_{00}$ 或 R_{10} 或 $\cdots$ 或 $R_{\tau 0} \Rightarrow v_{nk}, v_{n'k'} \in R_{\tau+1,0} \Rightarrow v_{nk}, v_{n'k'} \in R_{\tau+2}$。

（2）超步个数小于 $\log_2 N$ 情况下数据的完整性： 集群的最大迭代步数为 $\xi+3$（$\xi<\tau$），其中包含 ξ 个超步、1 个源数据存储步、1 个预处理步和 1 个结果总结步。第 i 步中第 j 个节点上保存的数据表示为 R_{ij}，最终结果表示为 $R_{\xi+2}$。

1）如果 $\xi=0$，那么其只有数据分割阶段而没有数据交互阶段。如果 g_{ij} 中的 v_{nk} 与 $g_{i'j'}$ 中的 $v_{n'k'}$ 相同，g_{ij} 和 $g_{i'j'}$ 在不同的节点上（节点 p 和节点 q），那么 g_{ij} 中的 v_{nk} 与节点 p 上 g_{ij} 中的 v_{mk} 相同，$g_{i'j'}$ 中的 $v_{n'k'}$ 与节点 q 上 $g_{i'j'}$ 中的 $v_{m'k'}$ 相同，得到 $v_{nk} \in R_{0p}, v_{n'k'} \in R_{0q} \Rightarrow v_{nk}, v_{n'k'} \in R_{\xi+2}$。

2）如果 $\xi=1$，那么其有 1 个数据分割阶段、1 个数据交互阶段，且分组大小和交互步长分别为 2 和 1。如果 g_{ij} 中的 v_{nk} 与 $g_{i'j'}$ 中的 $v_{n'k'}$ 相同，g_{ij} 和 $g_{i'j'}$ 在不同的分组中（分组 p 与 q），因为分组 p 与 q 之间没有数据的交互，那么 g_{ij} 中的 v_{nk} 与分组 p 上 $g_{ij'}$ 中的 v_{mk} 相同，$g_{i'j'}$ 中的 $v_{n'k'}$ 与分组 q 上 $g_{i'j'}$ 中的 $v_{m'k'}$ 相同，得到 $v_{nk} \in R_{12}^{p-1}, v_{n'k'} \in R_{12}^{q-1} \Rightarrow v_{nk}, v_{n'k'} \in R_{\xi+2}$。

3）如果 $\xi=i$，那么其有 1 个数据分割阶段、i 个数据交互阶段，且分组大小和交互步长分别为 2^i 和 2^{i-1}。如果 g_{ij} 中的 v_{nk} 与 $g_{i'j'}$ 中的 $v_{n'k'}$ 相同，g_{ij} 和 $g_{i'j'}$ 在不同的分组中（分组 p 与 q），因为分组 p 与 q 之间没有数据的交互，那么 g_{ij} 中的 v_{nk} 与分组 p 上 $g_{ij'}$ 中的 v_{mk} 相同，$g_{i'j'}$ 中的 $v_{n'k'}$ 与分组 q 上 $g_{i'j'}$ 中的 $v_{m'k'}$ 相同，得到 $v_{nk} \in R_{0i}, v_{n'k'} \in R_{0j} \Rightarrow v_{nk} \in R_{12}^{i(p-1)}, v_{n'k'} \in R_{12}^{i(q-1)} \Rightarrow v_{nk}, v_{n'k'} \in R_{\xi+2}$。

综上所述，利用基于蝶形网络的并行分割与挖掘方法，经过两两通信与数据传输之后获得的结果是完整的。该定理证明完毕。

定理 3-2 当节点间没有数据交互，即每个节点本地数据都找到了 LCS，那么 BNHB 平台之上的计算工作就可以停止了。

证明： 因为本定理可以转化为定理 3-1，所以这里不做证明。

定理 3-3 在前述超步中与节点 i 交互过的节点不必在后期与节点 i 交互。

证明： （根据数据的本地性来证明）当节点 j 已经与节点 i 交互过后，节点本地已经拥有了节点 i 的数据。尽管节点 i 在后期的数据出现了变化，因为其存储的是与本身相同或相似的数据，所以不必再次交互。该定理得到证明。

定理 3-4 BNHB 框架的最大超步个数为 $\log_2 N$。

证明： 假设 BNHB 框架的最大超步个数为 n。根据蝶形网络的特性，第 i 个超步的步长为 2^{i-1}。因为节点的个数是第 n 个超步的步长的 2 倍，那么 BNHB 平台上的节点数为 2^n，即 $N=2^n$。又由于 $n=\log_2 2^n$，所以 BNHB 框架的最大超步个数为 $\log_2 N$。

3.4 实验评估

本节所用到的所有算法都用 Java 编写，并由 Ubutu11.04 上的 Eclipse3.6 编译执行。实验在 n 个（$1 \leqslant n \leqslant 8$）配置为 1.8 千兆赫兹的 CPU、16

千兆字节的运行内存和 120 千兆字节的硬盘的服务器上运行，且所有节点间由 1GB 以太网连接。需要说明的是，本节实验用到的 Hadoop（Dean J 等，2004）和 Hama[①] 版本分别为 0.20.2 和 0.4.0。在 Hama 上执行程序时，所有输入输出数据都存储在分布式文件系统 HDFS 中。

本实验评估所提出方法性能所用到的数据来自一些现有文献中用到的数据[②]。该数据来自肺癌基因聚类研究，其含有 1000 个基因和 197 个生理条件。在测试算法的可扩展性时，需要加入/删除一些行/列。

3.4.1 分布式并行方法与单机实现的比较

本节评估 OPSM 在单机和 BNHB 环境下的有效性与可扩展性。单机环境下的方法仍用 OPSM 表示，BNHB 环境下的 OPSM 实现用 BNPP 表示。首先测试上述方法在列数变化而行数不变的基因表达数据下的运行时间，见图 3-9（a）。其次测试上述方法在行数变化而列数不变的基因表达数据下的运行时间，见图 3-9（b）。

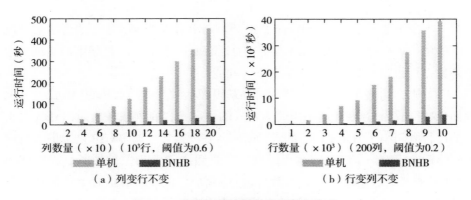

图 3-9　OPSM 算法的单机与并行实现

图 3-9（a）展示了 OPSM 和 BNPP 分别在单机和 BNHB 框架（4 个节点）上的实现关于数据集中列数变化时的性能。实验的有关参数为行数为1000 行、挖掘结果的阈值为 0.6、列数的变化范围是 20～200、每次增长

---

① Apache Hama，http://hama.apache.org.

② Cancer Program Data Sets（Broad Institute. Datasets. rar and 5q_gct_file. gct），http://www.broadinstitute. org/cgi-bin/cancer/datasets. cgi.

20。当列数较小时，两种方法运行时间之间的差值相对较小。然而，随着基因表达数据中列数的不断增长，两种方法运行时间之间的差值越来越大，最大时相差 10 倍。从该测试中可以看出当列数较大时，OPSM 方法在 BNHB 框架下的实现 BNPP 的性能更为优越。

图 3-9（b）展示了 OPSM 和 BNPP 分别在单机和 BNHB 框架（4 个节点）下的实现关于数据集中行数变化时的性能。实验的有关参数的列数为200 行、挖掘结果的阈值为 0.2、行数的变化范围是 1000~10000、每次增长1000。与列变化而行不变情况类似，当行数较小时，两种方法运行时间之间的差值相对较小。然而，随着基因表达数据中行数的不断增长，两种方法运行时间之间的差值越来越大。OPSM 在单机下的实现不能在 3 小时内运行完毕，而其在 BNHB 框架下的实现 BNPP 却能在 1 小时内执行完多达 10000行的基因表达数据。从该测试中可以看出，OPSM 方法在 BNHB 框架下的实现 BNPP 的性能更为优越。

3.4.2 分布式并行框架的比较

本节主要评估基本的 Hama BSP 模型与 BNHB 框架在 4 个集群节点情况下的可扩展性能，测试 OPSM 方法在 Hama BSP 和 BNHB 框架下的实现关于列数、行数以及节点数变化情况下的性能。

首先，如图 3-10（a）所示，当基因表达数据的列数从 20 增加到 200，而保持行数为 1000 和结果阈值为 0.6 的情况下，在列数较大时 BNHB 之上的运行时间小于 Hama BSP 的运行时间，在列数较小时 BNHB 之上的运行时间略微小于 Hama BSP 的运行时间。这是因为随着列数的增长，大于阈值0.6 的最长公共子序列 LCS 的数目也急剧增加，所以 Hama BSP 就需要较多的时间来传输数据，而 BNHB 则精简地传输数据的量。如图 3-10（b）所示，当列数依旧从 20 增加到 200、行数由 1000 增长到 5000（阈值保持不变）时，虽然与上个实验情况类似，但是 BNHB 比 Hama BSP 的性能提高幅度更大了一些。如图 3-10（c）所示，当其他不变而将行数保持在 10000 时，BNHB的性能就远远优于 Hama BSP 了。同样，因为 Hama BSP 比 BNHB 要传输更多的数据的缘故。

其次，测试 Hama BSP 和 BNHB 框架在行变化（从 1000 增加到 10000，每次增长 1000）而其他参数不变情况下的性能。当行数变化而列数和阈值

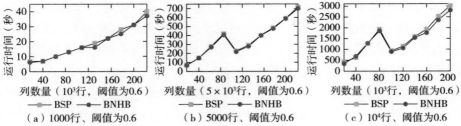

图 3-10 列变化情况下的扩展性比较

固定在 80 与 0.6 时，图 3-11（a）展示了 BNHB 在所有行数情况下的性能都要优于 Hama BSP。前文已经提到，BNHB 拥有更适应实际情况的特性的原因是其利用变量 *rowSend* 来总结归纳哪些数据必须传递哪些数据不需交互，大大减少了传输的数据量，且更适用于行数列数较多的情况。如图 3-11（b）所示，当其他参数不变而列数增长到 140 列时，BNHB 的性能更加优越于 Hama BSP。当其他参数不变而列数增长到 200 列时，如图 3-11（c）所示，BNHB 与 Hama BSP 的运行时间差更加明显，体现了BNHB 更加优越的性能。

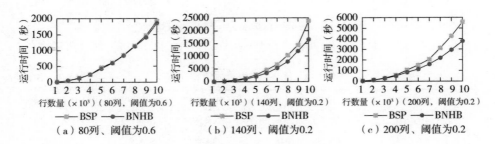

图 3-11 行变化情况下的扩展性比较

最后，评估 BNHB 和 Hama BSP 两种框架在不同集群节点情况下的可扩展性。当集群节点数目从 2 增加到 8 的过程中，BNHB 和 Hama BSP 两种框架都展示了良好的可扩展性。如图 3-12（a）所示，当保持基因表达数据列数为 200、阈值为 0.2 而行数从 1000 增长到 10000 时，BNHB 框架在 4 个节点时比其他情况下展示出更加优越于 Hama BSP 的性能，而两个框架在 2 个和 8 个节点情况下的性能基本相同。如图 3-12（b）所示，当保持基因表达数据行数为 5000、阈值为 0.6 而列数从 120 增长到 200 时，与上个实验类似，BNHB 框架在 4 个节点时比其他情况下展示出更加优越于 Hama BSP 的性能，而两个框架在 2 个和 8 个节点情况下的性能基本相同。这是因为在 2 个和 8 个节点情况下两个框架所要传递的数据量大小基本相同。本实验证明了两个框架随着集群节点数目的增长都有很好的可扩展性，但是集群节点数目过大或者过小时，BNHB 框架相对于 Hama BSP 的优越性就不那么明显。为了更清晰地了解在不同节点下的时间代价，表 3-4 和表 3-5 中给出了具体的运行时间。

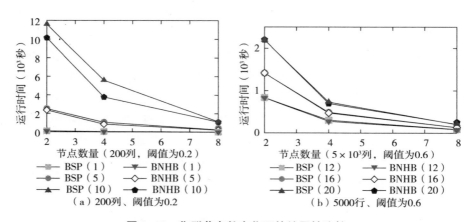

（a）200列、阈值为0.2   （b）5000行、阈值为0.6

图 3-12　集群节点数变化下的扩展性比较

注：（a）中的"（1）"代表 1000 行，其他类似；（b）中的"（12）"代表 120 行，其他类似。

表 3-4　图 3-17 中具体运行时间　　　　　单位：秒

	BSP（1000）	BNHB（1000）	BSP（5000）	BNHB（5000）	BSP（10000）	BNHB（10000）
2	100.015	96.936	2508.561	2354.69	11594.529	10156.439
4	40.004	36.999	1048.906	838.75	5585.252	3774.943
8	16.279	16.252	250.472	232.478	1136.488	1106.172

注：此表中行为节点数、列为不同行数据下的相关方法。

表 3-5　图 3-18 中具体运行时间　　　　　单位：秒

	BSP（120）	BNHB（120）	BSP（160）	BNHB（160）	BSP（200）	BNHB（200）
2	838.41	835.503	1417.799	1420.923	2198.486	2204.286
4	304.44	277.482	490.405	475.421	733.618	700.574
8	88.288	85.309	133.382	136.428	205.414	211.384

注：此表中行为节点数、列为不同列数据下的相关方法。

3.5 相关工作

    本节主要回顾 OPSM 挖掘研究的现有工作，因为本书是为了改善现有 OPSM 挖掘方法而开展的工作。除了 OPSM 挖掘技术，本节还要回顾与分布式并行处理系统有关的现有研究，因为这是本章的核心工作。

    OPSM 挖掘与基因表达数据双聚类方法：Gao 等（2006，2012）观察到生物学家尤其喜欢找出一少部分基因间的关系，为此，他们提出名为 KiWi 的框架来大大减小搜索空间与问题规模。Frey 等（2007）设计了一种方法叫作近邻传播。该方法的主要思想是：节点间传播和交换信息，直到高质量的领袖和聚类出现为止。由于真实基因表达数据存在天然的噪声，现有的方法不能很好地发现重要的 OPSM。为了解决这个问题，Chui 等（2008）利用多份冗余数据来降低噪声并找到高质量的 OPSM。Zhang 等（2008）提出一种名为 AOPC 的抗噪模型。Fang 等（2012）提出一种名为 BOPSM 的 OPSM 宽松模型，其考虑加入线性的宽松。虽然这些方法表现良好，但是其都是为单机系统设计的，不能很好地应用于分布式并行系统。

    分布式并行处理技术：Kang 等（2009）观察到许多图挖掘操作本质上是重复的矩阵向量的乘积。为此，他们设计了一种重要的基础系统名叫 PEGASUS，其是在 Hadoop 平台（Dean J 等，2004）上实现的一个大规模图挖掘库。Zhou 等（2010）提出一种将数据分割技术融合到 SCOPE 优化器中的方法。Pregel（Malewicz G 等，2010）是一种为处理大规模图数据而设计的分布式处理系统。Eltabakh 等（2011）介绍了一个轻量级的 Hadoop 扩展系统，名叫 CoHadoop，其允许系统控制数据的存储位置。

3.6 小结

    为了解决现有方法不能在挖掘基因表达数据过程中加入大量数据且耗时较多的问题，本章首先提出一种基于蝶形网络的平行分割与挖掘方法，其次用理论证明了所提出策略可以确保挖掘结果是完整的，最后在新的并行系统上实现了一种现有的 OPSM 挖掘方法，通过实验也验证了所提出 BN-HB 框架与蝶形交互策略比现有方法在行数、列数、集群节点数等方面都有更好的可扩展性，挖掘结果更有高效性。

4 OPSM 的索引与查询

4.1 引言

基因芯片使同时监测多个基因在多个实验条件下的表达水平成为现实。基因芯片上的基因表达数据可以看作 $n \times m$ 的矩阵，其中 n 为基因数目（行数），m 为实验条件个数（列数），矩阵中的每个数据表示给定基因在设定实验下的表达水平。对于基因表达数据的挖掘，现有的聚类方法并不能很有效地工作，因为大多数基因仅仅在部分实验条件下紧密协同表达，而不必要求在所有的实验条件下拥有相同或者类似的表达值。因此，基于模式的空间聚类方法成为一种受欢迎的、发现有意义聚类的工具。目前，其中一种称为保序子矩阵 OPSM（Ben-Dor A 等，2002；Ben-Dor A 等，2003）的模型能够更加有效地挖掘具有生物学意义的聚类。本质上，一个 OPSM 是由部分行部分列组成的一个矩阵，其中的所有行在所有列上的表达值具有相同的线性顺序。如行 g_4、g_6 和 g_9 在列 3、5、1 和 8 上具有递增的表达水平。由此，我们知道 OPSM 关注的只是列的相对顺序而非真实表达值。随着高通量测序技术的飞速发展和基因表达分析代价的减小，大量的基因表达数据和 OPSM 挖掘结果累积下来，但是却没有得到有效的利用。因为生物学家想利用简洁的方法，如关键词查询，来获取支持某个生理功能模块的基因或者实验条件。综上所述，OPSM 查询是一种从给定基因表达数据中利用行或者列关键词来检索对应列或者行的方法，即其可以方生物学家通过基因或实验条件等关键词的查询来分析判断共表达的基因以及间接预测基因的功能。

大部分的现有工作（Chui C K 等，2008；Zhang M 等，2008）研究的是 OPSM 批量挖掘的问题，而很少关注 OPSM 的查询问题。然而，在大数据时代，由于数据庞大，批量挖掘结果的分析也是一个难题，而 OPSM 的查询只需要输入几个简单的关键词就可以很快地得到相关结果，所以查询比批量挖掘对生物学家分析基因表达数据更有效。首先，OPSM 问题由 Ben-Dor 等（2002，2003）提出。其次，Liu（2003）和 Trapp 等（2010）试图设计有效的挖掘方法，Gao 等（2006，2012）提出一种名为 KiWi 的框架来发现小枝聚类，Chui 等（2008）、Zhang 等（2008）和 Fang 等（2010，2012，2014）给出几种抗噪的模型。OPSM 挖掘工具，如 GPX（Jiang D 等，2004b）和 BicAT（Barkow S 等，2006）有一个共同特点，即利用间接方法给出查询结果，这种间接查询方法的搜索效率很低，因此亟待设计一种直接查询工具。与 OPSM 查询最为相关的工作文献是：Jiang 等（2004b）给出一种基于上钻和下翻的交互式方法来搜索 OPSM。

OPSM 查询与字符串匹配问题类似（Knuth D E 等，1977；Boyer R S 等，1977），二者的相同点是在给定的一个字符串中查找是否存在一个模式串。KMP（Knuth D E 等，1977）和 BM（Boyer R S 等，1977）是字符串问题中的两个经典解决方法，其适用于没有间隔的字符串匹配，但不能很好地工作于允许有间隔的字符串查询问题。因此，这些方法都不能用来解决 OPSM 查询。显而易见，为了方便 OPSM 的查询处理，创建索引是一种广泛采用且效果显著的解决策略。在索引中，前缀树（Donald E K 等，1999）和后缀树（McCreight E M，1976；Ukkonen E，1995；Weiner P，1973）是两个常用的基本模型。由于前者允许两个字符串共享前缀，这样可以节省空间，所以本章将前缀树选为基本的索引结构，在其基础上进行改进。

设计一个直接的 OPSM 查询工具是一项具有挑战性的工作，原因如下：①数据集的数量和规模都很庞大。随着高通量测序技术的飞速发展，大量的基因表达数据以前所未有的速度增长着。同时，由于基因表达数据分析代价不断减小，大规模的 OPSM 分析结果也累积下来。②如何为两种数据集设计一个通用的索引结构和查询方法。据我们所知，从基因表达数据中挖掘 OPSM 的耗时远远超过从 OPSM 数据中搜索 OPSM，但是 OPSM 的数据量远远大于基因表达数据。③如何保证索引能容纳于内存中、索引更新更高效、基于索引的查询更快且具有可扩展性。④如何提供多种类型（正相关/负相关/时滞等模式）的 OPSM 的查询。

我们所关注的多类型 OPSM 主要包括正相关、负相关、时滞正相关、时滞负相关 OPSM，如图 4-1 所示。正相关的 OPSM 指若干基因在若干实验条件下表达趋势一致，如图 4-1（a）所示；负相关 OPSM 则是在若干相同的实验条件下，部分基因正向表达、部分基因反向表达，如图 4-1（b）所示；时滞正相关 OPSM 与正相关 OPSM 基本相同，不同点是其中部分基因的表达延迟若干个时间点，如图 4-1（c）所示；时滞负相关 OPSM 与负相关 OPSM 基本相同，不同点是其中部分基因的表达延迟若干个时间点，如图 4-1（d）所示。

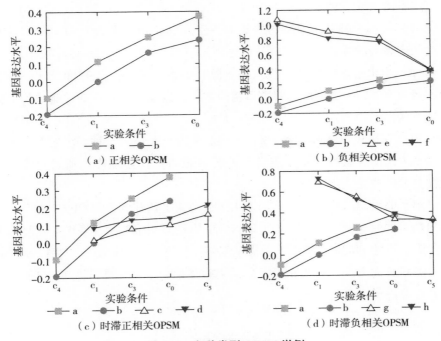

图 4-1 多种类型 OPSM 举例

为了解决上述挑战，本章首先提出一种基于前缀树的基本解决方案。虽然其能减少大量的冗余数据，但是其查询效率并不高。为了提升查询效率，我们在前缀树上增加了两个表头，并将其命名为 pIndex 的索引方法。这两种结构都可以索引两种数据，且不管索引的是基因表达数据还是 OPSM 数据，都可以直接在其上进行查询，从而省去了从基因表达数据中挖掘 OPSM 的过程，这样就同时利用了两种数据的优点，提高了查询性能。接着，pIndex 利用行列表头来进行索引的更新与 OPSM 的查询。为了进一步提升查询性能，我们给出了两种剪枝方法来减少无用分支的遍历工作。为减少列模糊查询过程中产生的过多的列关键词候选集，我们提出一种首元素轮换法 FIT，其将列关键词数量从 $n!$ 减少到 n。

本章将 pfTree 和 pIndex 应用到基因表达数据和 OPSM 分析数据上，同时做了大量的实验，实验结果证明了两种索引都具有很好的压缩性能，pIndex 在索引更新与查询方面更加高效。进一步，将两种方法实现在单机、Hadoop 和 Hama（Jiang T 等，2013）三种平台之上，同时在索引创建、不同关键词或节点的查询等方面也有很好的有效性与可扩展性。

本章的主要贡献如下：

（1）提出一种基于前缀树的基本方法 pfTree 和一种名为 pIndex 的带有行列两个表头的优化方法。

（2）提出了索引更新（插入和删除）和多类型 OPSM 查询方法，同时给出名为 FIT 的关键词候选集数目精简方法，以及为提升查询性能的若干种剪枝方法。

（3）在单机、Hadoop 和 Hama（Jiang T 等，2013）三种平台之上验证了所提出方法的有效性与可扩展性，证明了 pIndex 在处理代价和查询的可扩展性方面的性能优于 pfTree。

本章的组织结构安排如下：第 4.2 节阐述了基础概念和 OPSM 索引与查询的基本框架。第 4.3 节描述了基本索引方法索引 pfTree。第 4.4 节给出了优化索引方法 pIndex。第 4.5 节展示了基于行列表头的精确、模糊以及多类型 OPSM 查询方法。第 4.6 节报告了实验结果。第 4.7 节讨论了相关工作。第 4.8 节进行了总结。

4.2　问题定义

本节主要介绍本章用到的一些概念和解决 OPSM 查询的索引框架。本章用到的符号如表 4-1 所示。

表 4-1　本章用到的符号

符号	说明	符号	说明
G	基因集合	C	实验条件集合

符号	说明	符号	说明
g	部分基因	c	部分实验条件
g_i	一个基因	c_i	一个实验条件
$D(G,T)$	源数据集	e_{ij}	D 中的一个属性
δ	行阈值	τ	列阈值

定义 4-1　正相关保序子矩阵（POPSM）：给定数据 $D(G,C)$（$n \times m$ 的矩阵），$M_i(g,c)$ 是 $D(G,C)$ 中的一个子矩阵，且 $g \subseteq G$、$c \subseteq C$。若 $M_i(g,c)$ 是一个正相关保序子矩阵，则有 g 中的每一行数据 e 关于列标签子集 c 的排列严格单调递增，即 $e_{i1} \leqslant e_{i2} \leqslant \cdots \leqslant e_{ij} \leqslant \cdots \leqslant e_{ik}$，其中 $(i1, \cdots, ij, \cdots, ik)$ 为在列标签 c 上的一个排列。

例 4-1　如图 4-1（a）所示，基因 a、b 在实验条件 c_4、c_1、c_3、c_0 上的表达值严格单调递增，所以基因 a、b 在实验条件 c_4、c_1、c_3、c_0 上是正相关 OPSM。

定义 4-2　基于基因的精确查询（EQ_g）：给定 OPSM 数据 $D(G,C)$ 和基因集合 $g = (g_i, \cdots, g_j, \cdots, g_k)$，基于基因关键词的精确查询返回包含基因集合 g 且大于实验条件阈值 τ 的若干个实验条件 $c = (c_i, \cdots, c_j, \cdots, c_k)$ 的集合。

定义 4-3　基于实验条件的精确查询（EQ_c）：给定 OPSM 数据 $D(G,C)$ 和实验条件集合 $c = (c_i, \cdots, c_j, \cdots, c_k)$，基于实验条件关键词的精确查询返回包含实验条件集合 c 且大于基因阈值 δ 的若干个基因 $g = (g_i, \cdots, g_j, \cdots, g_k)$ 的集合。

定义 4-4　基于基因的模糊查询（FQ_g）：给定 OPSM 数据 $D(G,C)$ 和基因集合 $g = (g_i, \cdots, g_j, \cdots, g_k)$，基于基因关键词的模糊查询返回包含大于基因阈值 δ 的基因集合 g 且大于实验条件阈值 τ 的若干个实验条件 $c = (c_i, \cdots, c_j, \cdots, c_k)$ 的集合。

定义 4-5　基于实验条件的模糊查询（FQ_c）：给定 OPSM 数据 $D(G,C)$ 和实验条件集合 $c = (c_i, \cdots, c_j, \cdots, c_k)$，基于实验条件关键词的模糊查询返回包含大于实验条件阈值 τ 的实验条件集合 c 且大于基因阈值 δ 的若干个基因 $g = (g_i, \cdots, g_j, \cdots, g_k)$ 的集合。

定义 4-6　负相关保序子矩阵（NOPSM）：给定数据 $D(G,C)$（$n \times m$ 的矩阵），$M_i(g,c)$ 是 D 中的一个子矩阵，且 $g \subseteq G$、$t \subseteq C$。若 M_i 是一个负相关

保序子矩阵，则有 $g_{up} \subseteq g$ 中的每一行数据关于列标签子集 c 的排列严格单调递增，即 $e_{i1} \leqslant e_{i2} \leqslant \cdots \leqslant e_{ij} \leqslant \cdots \leqslant e_{ik}$，$g_{down} \subseteq g$ 中的每一行数据关于列标签子集 c 的排列严格单调递减，即 $e_{i1} \geqslant e_{i2} \geqslant \cdots \geqslant e_i \geqslant \cdots \geqslant e_{ik}$，其中 $(i1, \cdots, ij, \cdots, ik)$ 为列标签 c 的一个排列，$g_{up} \cup g_{down} = g$。

例 4-2　如图 4-1（b）所示，基因 a、b 在实验条件 c_4、c_1、c_3、c_0 上的表达值严格单调递增，而基因 e、f 在实验条件 c_4、c_1、c_3、c_0 上的表达值严格单调递减，所以基因 $(a、b)$ 与 $(e、f)$ 在实验条件 c_4、c_1、c_3、c_0 上是负相关 OPSM。

定义 4-7　时滞负相关保序子矩阵（LOPSM）：给定数据 $D(G, C)$（$n \times m$ 的矩阵），$M_i(g, c)$ 是 D 中的一个子矩阵，且 $g \subseteq G, t \subseteq C$。若 M_i 是一个时滞保序子矩阵，则有 $g_{forward} \subseteq g$ 中的每一行数据关于列标签子集 $c_{forward}(c_{i1}, \cdots, c_{ij}, \cdots, c_{ik})$ 的排列严格单调递增，即 $e_{i1} \leqslant e_{i2} \leqslant \cdots \leqslant e_{ij} \leqslant \cdots \leqslant e_{ik}$；$g_{lag} \subseteq g$ 中的每一行数据关于列标签子集 $c_{lag}(c_{i'1}, \cdots, c_{i'j}, \cdots, c_{i'k})$ 的排列严格单调递增，即 $e_{i'1} \leqslant \cdots \leqslant e_{i'j} \leqslant \cdots \leqslant e_{i'k}$，其中 $c_{i1} - c_{i'1} = \cdots = c_{ij} - c_{i'j} = \cdots = c_{ik} - c_{i'k} = d, d$ 是延迟时间点的个数。当每一行数据关于列标签子集的排列严格单调递减时，定义同样成立。

例 4-3　如图 4-1（c）所示，基因 $(a、b)$ 在实验条件 c_4、c_1、c_3、c_0 上的表达值严格单调递增，且基因 $(c、d)$ 在实验条件 c_1、c_3、c_0、c_5 上的表达值严格单调递增，后者比前者延迟了一个时间点，所以基因 $(c、d)$ 在实验条件 c_1、c_3、c_0、c_5 上是基因 $(a、b)$ 在实验条件 c_4、c_1、c_3、c_0 上的时滞正相关 OPSM。

例 4-4　如图 4-1（d）所示，基因 $(a、b)$ 在实验条件 c_4、c_1、c_3、c_0 上的表达值严格单调递增，而基因 $(g、h)$ 在实验条件 c_1、c_3、c_0、c_5 上的表达值严格单调递减，后者比前者延迟了一个时间点，所以基因 $(g、h)$ 在实验条件 c_1、c_3、c_0、c_5 上是基因 $(a、b)$ 在实验条件 c_4、c_1、c_3、c_0 上的时滞负相关 OPSM。

问题描述：给定数据集 $D(G, C)$（$n \times m$ 的矩阵）、时滞时间点数 d、最小基因个数 δ，查询出所有满足定义 4-1、定义 4-6、定义 4-7 类型的 OPSM。

OPSM 查询的过程主要分为以下三个步骤：

（1）索引的创建与更新，这是最基础的部分，其利用前缀树来加载两种不同的数据，即基因表达数据和 OPSM 分析数据。如果几个基因拥有相同的前缀，那么它们在树中就共享这个前缀，同时将这几个序列的后续部分作为这个前缀的子分支。索引的更新包括数据的插入和数据的删除两部分。促使索引的更新更加便捷与高效是其重要任务。

（2）表头的设计，这是一个辅助的数据结构，包括两部分：①行表头，它用来方便 pIndex 索引的删除以及基于行关键词的 OPSM 查询；②列表头，它用来方便 pIndex 索引的删除以及基于列关键词的 OPSM 查询。

（3）查询处理，其包括两个子步骤：①搜索，其利用行列表头以自下而上的方式获取实验条件所在分支或者基因所在叶子节点；②验证，其主要是计算上一步中候选集之间的交集，同时检测这些候选结果是否大于自定义阈值。

4.3 基本方法 pfTree

在为 OPSM 查询设计一个压缩紧密且高效的索引之前，首先考察例 4-5。OPSM 数据集的行标签（基因名）和列标签（实验条件）分别如表 4-2 的第 1、3 列和第 2、4 列所示。

表 4-2 OPSM 数据集

行标签	列标签
1，2，5	Ⅵ，Ⅲ，Ⅰ，Ⅷ，ⅩⅥ
3，6，9	Ⅵ，Ⅲ，Ⅰ，Ⅱ，Ⅷ
7，10，11	Ⅵ，Ⅱ，Ⅲ
4，8，12	Ⅲ，Ⅱ，ⅩⅥ
4，6	Ⅵ，Ⅲ，Ⅰ，Ⅷ，ⅩⅥ

本节以 OPSM 数据集（见表 4-2）为例来说明如何创建索引，因为基因表达数据中的每一行同样也可以看作一个 OPSM。一个压缩紧密的索引可以基于以下观察来创建。

（1）OPSM 之间有许多重复片段。如果每个重复片段只存储一次的话，可以避免许多不必要的存储工作，同时也可以节省许多宝贵的内存空间。

（2）如果若干个 OPSM 拥有完全相同的列标签顺序的话，那么这些

OPSM 可以合并为一，且合并过程中只需要将行标签放在一起即可。

（3）如果两个 OPSM 拥有相同的前缀，那么这个相同的部分可以由一个共同的前缀和两个分支组成。

根据以上观察，给出例子（见例 4-5）来说明如何创建一个前缀树索引，又称 OPSM-Tree 或 pfTree，其是一种基本的索引方法。

算法 4-1　pIndex 创建方法（pIndex）。

输入：基因表达数据集转换成的序列数据或者 OPSM 数据 *D*; 输出：pIndex

1. *treeRoot←null*;

2. **while** ((*opsm←D.nextLine*()) ≠ *null*) **do**

3. 　*nameList←opsm.g;arrayInt←opsm.c;curNode←treeRoot*;

4. 　**for** (对于 *arrayInt* 中的每一个元素 *it*) **do**

5. 　　*linkFlag←flase*;

6. 　　**if** (*currentNode* 不存在子节点 *it*)) **then**

7. 　　　将 *it* 加入 *curNode* 的子节点 ;*linkFlag←true*;

8. 　　将 *it* 加入 *curNode* 的子节点 ;*curNode* 的频数增加 |g|;

9. 　　**if** (*columnHeadTable* 中不存在节点 *it*)) **then**

10. 　　　将 (*it,curNode*) 放入 *columnHeadTable*;*curNode* 的向后指针设为 *null*;

11. 　　**else**

12. 　　　*itNode←columnHeadTable* 获取 *it* 节点 ;

13. 　　　**while** (*itNode* 向前节点不为 *null*) **do**

14. 　　　　*itNode* 指向 *itNode* 的前向节点 ;

15. 　　　**if** (*linkFlag*) **then**

16. 　　　　将 *curNode* 设为 *itNode* 的前向节点 ;*itNode* 设为 *curNode* 的后向节点 ;

17. 　将 *curNode* 设为末节点 ;将基因名列表 *nameList* 放入 *curNode* 节点中 ;

18. **for** (对于 *nameList* 中的每一个基因名 *name*) **do**

19. 　**if** (*rowHeadTable* 存在 *name*) **then**

20. 　　将 *rowHeadTable* 表头中 *name* 所在位置的节点放入 *nodeSet* 中 ;

21. 　将 *curNode* 放入 *nodeSet* 中 ;将 (*name,nodeSet*) 放入 *rowHeadTable* 中 ;

22. **return** *pIndex*;

例 4-5　表 4-2 展示了一个 OPSM 样例数据，这个数据集要在后文中经常用到，图 4-2 给出了 pfTree 的更加清晰明了的创建结果。

例 4-5 中 pfTree 的创建过程如下：首先，创建一个树的根，并将其初始化为 *null*。其次，扫描 OPSM 数据集，扫描到的第 1 个 OPSM 生成了前缀树的第一个分支<Ⅵ，Ⅲ，Ⅰ，Ⅷ，ⅩⅥ>。注意必须保持每一个列标签的固

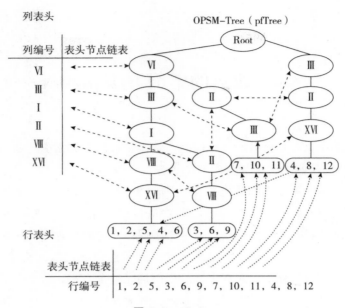

图 4-2　pIndex

有顺序，因为这个顺序是若干个基因在这个实验条件下具有单调递增或者单调递减的表达趋势。之后，将行标签（1，2，5）放在该分支的叶子节点中。对于第 2 个 OPSM，因为其中的列标签<Ⅵ，Ⅲ，Ⅰ，Ⅱ，Ⅷ>与第一个 OPSM 的列标签共享前缀，即<Ⅵ，Ⅲ，Ⅰ>，所以只需要创建节点（Ⅱ）和（Ⅷ），并分别作为节点（Ⅰ）和（Ⅱ）的子节点。之后将行标签（3，6，9）放在该分支的叶子节点中。对于第 3 个 OPSM<Ⅵ，Ⅱ，Ⅲ><Ⅵ，Ⅱ，Ⅲ>，因为其与前两个分支共享节点（Ⅵ），所以需要创建两个节点（Ⅱ）和（Ⅲ），并分别作为节点（Ⅵ）和（Ⅱ）的子节点。之后，将行标签（7，10，11）放在该分支的叶子节点中。对于第 4 个 OPSM<Ⅲ，Ⅱ，XⅥ>，因为其与前三个 OPSM 没有共享前缀，所以创建新的分支<Ⅲ，Ⅱ，XⅥ>，并将行标签（4，8，12）放在该分支的叶子节点中。对于最后一个 OPSM<Ⅵ，Ⅲ，Ⅰ，Ⅷ，XⅥ>，因为其与第 1 个 OPSM 完全相同，所以无须创建新的分支，只需要将行标签（4，6）放在该分支的叶子节点中即可。pfTree 的创建方法参考算法 4-1 中的第 6~7 行。

　　通过后文的实验验证，得知基于 pfTree 的索引删除与 OPSM 查询方面并不是那么高效，尽管其在索引的创建和插入方面有很好的性能。为了提高其性能，将在下节中给出一种优化的索引方法 pIndex，其利用行列两种表头来方便前缀树的遍历。

4.4　改进的索引方法 pIndex

为了改善 pfTree 索引的搜索性能，给出一种改进的索引方法 pIndex：在 pfTree 索引的基础上，增加行列两个表头。

列表头的创建方法和规则如下：列表头中元素的出现顺序是由列标签在前缀树中自上而下、从左到右的顺序决定的。在列表头中出现的每一个元素都是通过双向链接指向其在第 1 个出现分支中的位置。其后如果还在其他分支出现，那么其在第一个出现分支中的节点也通过双向链接相互指向。依次下去，直到没有相同元素出现。当扫描完整个 OPSM 数据之后，带有列表头的 OPSM 前缀树索引就建立起来了，列表头如图 4-2 中左侧部分所示。列表头的创建方法见算法 4-1 的第 9~16 行。

行表头的创建方法和规则如下：行表头中元素的出现顺序与列表头中元素的出现顺序的规则相似，即是由行标签在前缀树子叶子节点中从左到右的顺序决定的。另外，与列表头中相似元素之间的链接方式不同，其在行表头中将相同元素出现的节点的位置放在 hash 集合中。为了方便表示，在图 4-2 中用单向指针串联起来。同样，当扫描完整个 OPSM 数据之后，带有行表头的 OPSM 前缀树索引就建立起来了，行表头如图 4-2 中下侧部分所示。行表头的创建方法见算法 4-1 的第 18~21 行。

为了方便 pIndex 的更新操作，本节给出 pIndex 的插入和删除方法。因为 pIndex 的插入与 pIndex 的插入操作类似，所以这里仅介绍 pIndex 的删除方法，其包括通过行删除和通过列删除两种方式。

算法 4-2　基于行关键词的 pIndex 索引删除（pIndex-Del-Row）。

输入：基因名关键词 g; 输出：$pIndex$

1. **for** (g 中的每一个基因名 $name$) **do**

2. 　$nodeSet$← 从 $rowHeadTable$ 表头中获取 $name$ 所在单元的所有节点；

3. 　**for** ($nodeSet$ 中的每个节点 $node$) **do**

4. 　　**if** ($1 < |nodeSet|$) **then** 从 $rowHeadTable$ 中 $name$ 所在单元中将 $node$ 删除；

5. 　　**else if** ($1=|nodeSet|$) **then** 从 $rowHeadTable$ 中删除 $name$ 所在单元中的节点；

6. **else if** (0=|*nodeSet*|) **then** break;

7. **if** (1 < |*nodeSet*.getName()|) **then** 将 *node* 存储的基因名 *name* 删除 ;

8. **else if** (1=|*nodeSet*.getName()|) **then** 调用算法 4–3 *DelNodeCol*(*node*);

9. **return** *pIndex*;

对于通过行删除的方式，给出算法 4–2。首先，获取行关键词（基因名）。对于每一个行关键词，其包含三个操作：从行表头中删除、删除树节点和从列表头中删除。对于第一步，从行表头中获取叶子节点（第 1~2 行）。接着，检测获取到的叶子节点的个数。如果为 0 的话，算法结束（第 6 行）。如果节点个数为 1，则从行表头删除该节点（第 5 行）。如果节点个数大于1，则仅从行表头中删除该行（基因名）（第 4 行）。对于其他两个操作，见算法 4–3。

算法 4–3 删除节点和列标签序列（Del Node Col）。

输入：节点 *node*; 输出：*pIndex*

1. **while** (*treeRoot* ≠ *node*) **do**

2. *node* 的利用频率减 1；

3. *node*.getParent().getChildren().remove(*node*.getItem());// 从其父节点孩子中删除

4. *tmp*←*node*;*node*←*node*.getParent();*tmp*.setParent(*null*);

5. **if** (*null* ≠ *tmp*.getBkLink() & *null* ≠ *tmp*.getFwLink()) **then** // 存在前向、后向节点

6. *new*←*tmp*.getFwdLink();*new*.setBkLink(*tmp*.getBkLink());

7. *tmp*.getBkLink().setFwLink(new);

8. **else if** (*null* ≠ *tmp*.getBkLink() & *null*=*tmp*.getFwLink()) **then** // 只存在后向节点

9. *tmp*.getBkLink().setFwLink(*null*);*tmp*.setBkLink(*null*);

10. **else if** (*null*=*tmp*.getBkLink() & *null*=*tmp*.getFwLink()) **then** // 没有前后节点

11. *columnHeadTable*.remove(*tmp*.getItem());

12. **else if** (*null*=*tmp*.getBkLink() & *null* ≠ *tmp*.getFwLink()) **then** // 只存在前向节点

13. *columnHeadTable*.remove(*tmp*.getItem());

14. *tmp*.getFwLink().setBkLink(*null*);

15. *columnHeadTable*.put(*tmp*.getItem(),*tmp*.getFwLink());

16. **if** (1 < *node*.getFrequency) **then** break;

17. **return** *pIndex*;

接下来，我们介绍有关算法 4–3 的详细内容。首先，检验要删除的节点是否为根节点。如果是，算法结束（第 1 行）；否则，将该共享节点的分支个数减掉 1（第 2 行）。由于要删除的节点在叶子节点中，首先将该节点从其父节点中删除，接着将该节点的父节点设为空（第 3~4 行）。将该节点

从列表头中删除分为四种情况。①如果该节点有向前和向后的节点，那么需要将向前和向后的两个节点相互指向对方即可（第 5~7 行）。②如果其仅有向后节点的话，需要将向后节点的向前指针以及该节点的向后指针设为空（第 8~9 行）。③如果其既没有向后节点也没有向前节点，那么只需要将包含该节点的键值对从列表头中删除即可（第 10~11 行）。④如果其仅有向前节点，那么首先将向前节点的向后指针设为空，接着将其向前节点放入列表头中替代当前节点（第 12~15 行），最后如果共享当前节点的父节点的分支数目大于 1 的话，算法结束（第 16 行）。

算法 4-4　基于列关键词的 pIndex 索引删除（pIndex-Del-Col）。

输入：列关键词 c；输出：$pIndex$

1. $key \leftarrow c.get(|c|-1)$; $keyNode \leftarrow$ 从 $columnHeadTable$ 获取 key 单元保存的节点；

2. **while** ($keyNode$ 不为空) **do**

3. 　$itNode \leftarrow keyNode$ 的父节点；$count \leftarrow |c| - 2$;

4. 　**while** ($0 \leqslant count$) **do**

5. 　　**if** ($c.get(count)=itNode.getItem()$) **then** $count \leftarrow count -1$;

6. 　　**if** ($itNode$ 为根节点 $treeRoot$) **then** $break$;

7. 　　**else** $itNode \leftarrow itNode$ 的父节点；

8. 　**if** ($0 \leqslant count$) **then** $keyNode.clear()$; $keyNode.add(keyNode)$;

9. 　$keyNode \leftarrow keyNode.getFwdLink()$;

10. **for** ($node:keyNodes$) **do** $leafNodes \leftarrow$ 调用算法 4-5 $FindLeafNodes(node)$;

11. **for** ($node:leafNodes$) **do**

12. 　**for** ($name:node.getName()$) **do**

13. 　　**if** ($null=rowHeadTable.get(name)$) **then** $break$;// 若行表头中无 $name$

14. 　　**else if** ($1=|rowHeadTable.get(name)|$) **then** // 行表头的 $name$ 中有 1 个节点

15. 　　$rowHeadTable.remove(name)$;// 从行表头中删除该 $name$ 的键值对

16. 　　**else if** ($1 < |rowHeadTable.get(name)|$) **then** // 行表头的 $name$ 中有多个节点

17. 　　$rowHeadTable.get(name).remove(node)$;// 只需删除 $name$ 中的 $node$ 节点

18. 　调用算法 4-3 $Del-NodeCol(node)$;// 算法 4-3

19. **return** $pIndex$;

为了通过列关键词来删除 pIndex，本节介绍算法 4-4。因为其利用自底向上的方式来遍历该前缀树，所以首先获取最后一个列关键词以及该列关键词在列表头中的节点位置（第 1 行）。根据这个含有同一列关键词的指针链来检测相关分支是否含有所有的关键词。如果含有，就记录下当前所遍历节点；否则，根据上述列关键词指针链来检测下一个分支（第 3~9 行）。

当获取到符合条件的所遍历节点后，就根据上述节点来获取相关分支的叶子节点（第 10 行）。进一步，通过自底向上的方式根据叶子节点来删除相关分支和行表头中的该元素（第 11~17 行）。相关分支的删除通过调用算法 4-3 来执行（第 18 行）。需要说明的是，这种算法是通过递归的方式来寻找叶子节点的，更多细节请参考算法 4-5。

算法 4-5 获取叶子节点（Find Leaf Nodes）。

输入：树节点 *node*；输出：叶子节点 *leafNodes*

1. **if**（*node* 是叶子节点）**then** 将节点 *node* 加入 *leafNodes*；
2. **if**（*node* 有子节点）**then**
3.   *children*← 获取 *node* 节点的所有孩子；
4.   **while**（*children* 中的每一个 *child*）**do** 递归调用 *findLeafNodes(child)*；
5. **return** *leafNodes*；

4.5 改进的查询方法

本节主要介绍基于行列表头的 pIndex 索引的正相关与多类型 OPSM 查询方法。正相关 OPSM 查询包括基于行的精确查询 EQ_g、基于列的精确查询 EQ_c、基于行的模糊查询 FQ_g 以及基于列的模糊查询 FQ_c 四种方法。

4.5.1 正相关 OPSM 查询

对于基于行的精确查询 EQ_g，首先通过行表头来确定行关键词在索引中的位置（算法 4-6 的第 1~3 行）；其次以自底向上的方式来遍历各个包含行关键词的分支（第 4~7 行）；再次计算包含每个关键词一次且仅一次的各个分支间的最长公共子序列（第 10~15 行）；最后返回那些大于阈值 τ 的最长公共子序列（第 16~17 行）。具体细节参考算法 4-6。

例 4-6 基于基因的精确查询（EQ_g）：以表 4-2 中的数据和图 4-2 中的 pIndex 索引为例来说明基于基因的精确查询（EQ_g）算法。给定基因名 <2，3，9> 和列阈值 3，查询那些包含上述基因的实验条件集合。首先在行表头中找到包含基因 2，3，9 的节点链接；其次获取到包含基因 2 的分支

<VI，Ⅲ，Ⅰ，Ⅷ，XVI>，包含基因 3 和 9 的分支<VI，Ⅲ，Ⅰ，Ⅱ，Ⅷ>；最后计算出上述分支之间的最长公共子序列<VI，Ⅲ，Ⅰ，Ⅷ>，由于长度大于阈值 3，则其为结果。

通过例 4-6 的查询过程，发现了对查询结果进行剪枝的规则 4-1。

规则 4-1 基于关键词数目的剪枝：对于精确查询中的行列关键词，在基于实验条件的精确查询中，其找到的分支必须包含所有列关键词；在基于基因的精确查询中，其发现的叶子节点必须包含所有的行关键词。如果不满足条件，那么可以取消对该分支或叶子节点的检验。

算法 4-6 基于行关键词的精确查询（EQ_g）。

输入：基因名关键词 g，列挖掘结果阈值 τ；输出：HashMap<g,condition sets> *result*

1. **for** (*g* 中的每个 *name*) **do**

2.   **if** (*rowHeadTable* 不存在 *name*) **then return** *null*；

3.   *nodeList*← 从 *rowHeadTable* 获取 *name* 单元中的所有节点；

4.   **for** (*nodeList* 中的每个节点 *node*) **do**

5.   *colList*←*node* 所在分支的列序列；

6.   **if** (*colList*.length ≥ τ) **then** fstList.add(*colList*)；

7.   *hashMap*.put(*name*,*fstLists*)；*fstLists*.clear()；

8. **if** (1=|*g*|) **then return** *hashMap*；

9. *fstLists*←*hashMap*.get(g_0)；*flag*←*flase*；

10. **for** (i ← 1:|*g*|-1) **do**

11.   **if** (*flag*) **then** *fstLists*←*resLists*；*resLists*.clear()；

12.   *flag*←*true*；*secLists*←*hashMap*.get(g_i)；

13.   **for** (*out*:*fstLists*,*in*:*secLists*) **do**

14.   *lcs*←findLongestCommonSubsequence(*out*,*in*)；// 寻找最长公共子序列

15.   **if** (*lcs*.length ≥ τ) **then** *out*←*lcs*；*resLists*.add(*lcs*)；

16. **if** (*resLists*.size() > 0) **then** *result*.add(*g*,*resLists*)；

17. **return** *result*；

对于基于列的精确查询 EQ_c，首先通过列表头来确定列关键词在索引中的位置（算法 4-7 第 1 行）；其次从定位到的关键词所在分支节点开始，以自底向上的方式来遍历该分支，检验该分支是否包含所有列关键词，且检查这些关键词在分支中的顺序是否一致（第 3～11 行）；如果一致，返回那些所含基因个数大于阈值 σ 的分支（第 12～13 行）。具体细节参考算法 4-7。

例 4-7 基于实验条件的精确查询（EQ_c）：以表 4-2 中的数据和

图 4-2 中的 pIndex 索引为例来说明基于实验条件的精确查询（EQ$_c$）算法。给定实验条件<Ⅵ，Ⅲ，Ⅰ>和行阈值 3，查询那些包含上述实验条件的基因集合。首先在列表头中找到包含实验条件Ⅵ，Ⅲ，Ⅰ的节点链接；其次获取到分支<Ⅵ，Ⅲ，Ⅰ，Ⅷ，ⅩⅥ>和<Ⅵ，Ⅲ，Ⅰ，Ⅱ，Ⅷ>包含实验条件Ⅰ；再次检测这些分支是否包含实验条件Ⅲ和Ⅵ，结果上述分支满足条件；最后获取到的基因集合<1，2，3，4，5，6，9>大于阈值 3，其为查询结果。

　　通过例 4-7，我们发现了对查询结果进行剪枝的规则 4-2。

　　规则 4-2　基于关键词顺序的剪枝：对于精确查询中的列关键词，查询到的分支必须包含所有列关键词，且分支中的列关键词顺序也必须与关键词的输入顺序一致。否则，取消对该分支的检验。

　　算法 4-7　基于列关键词的精确查询（EQ$_c$）。

输入：实验条件关键词 c, 行挖掘结果阈值 σ; 输出：HashMap<c,gene sets> *result*

1. *key*←c.get(|c|–1);*keyNode*← 从列表头中 *columnHeadTable* 获取 *key* 中的节点；

2. **if** (*keyNode* 为空) **then return** *null*;

3. **while** (*keyNode* 不为空) **do**

4. 　*itNode*←*keyNode* 的父节点 ;*count*←|c| – 2;

5. 　**while** (*count* ≥ 0) **do**

6. 　　**if** (c.get(*count*)=*itNode*.getItem()) **then** *count*←*count* – 1;

7. 　　**if** (*itNode* 为根节点 *treeRoot*) **then** break;

8. 　　**else** *itNode*←*itNode* 的父节点 ;

9. 　**if** (*count* < 0) **then** *node*.add(*keyNode*);

10. 　*keyNode*←*keyNode*.getFwdLink();

11. **for** (*inNode*:*nodes*) **do** *nameSet*←*inNode* 节点中的基因名 ;

12. **if** (*nameSet*.size() ≥ σ) **then** *result*.put(c,*nameSet*);

13. **return** *result*;

　　对于基于行的模糊查询 FQ$_g$，首先计算大于行阈值 σ 的行关键词的组合（算法 4-8 的第 1 行）；其次定位每一个行关键词组合所在的分支，并计算一个行关键词中每一个关键词所在分支间的最长公共子序列（第 2 行）。如果其大于列阈值 τ，那么其就作为结果返回（第 3 行）。算法 4-8 给出了更详细的查询方法。

　　算法 4-8　基于行关键词的模糊查询（FQ$_g$）。

输入：基因名 g, 基因名阈值 σ, 实验条件阈值 τ; 输出：HashMap<g,c> *result*

1. **for** ($i ←\sigma$ to |g|) **do** *querySetLists*←g 中 i 个元素的组合 ;

2. **for** (*querySetLists* 中每个子集 *querySet*) **do** *result*← 调用算法 4-6 *EQ*$_g$(*querySet*,τ);

3. **return** *result*;

例 4-8 基于基因的模糊查询（FQ$_g$）：以表 4-2 中的数据和图 4-2 中的 pIndex 索引为例来说明基于基因的模糊查询（FQ$_g$）算法。给定基因名 <2，3，9>、行阈值 2 和列阈值 3，查询那些包含上述基因的实验条件集合。首先计算行关键字的超过行阈值 2 的基因组合，分别为 <2，3>、<2，9>、<3，9> 和 <2，3，9>；接着获取到包含基因 2 的分支 <Ⅵ，Ⅲ，Ⅰ，Ⅷ，ⅩⅥ>，包含基因 3 和 9 的分支 <Ⅵ，Ⅲ，Ⅰ，Ⅱ，Ⅷ>；然后计算出包含上述各个基因组合的实验条件序列，则包含 <2，3>、<2，9> 和 <2，3，9> 的实验条件集合为 <Ⅵ，Ⅲ，Ⅰ，Ⅷ>，包含 <3，9> 的实验条件集合为 <Ⅵ，Ⅲ，Ⅰ，Ⅱ，Ⅷ>，由于上述实验条件的长度都大于阈值 3，则都为结果。

对于基于列的模糊查询 FQ$_c$，首先翻转列关键词的顺序，并取出第一个元素（算法 4-9 的第 2 行）。其次利用列表头来定位含有这个元素的分支，并检测这些分支是否含有大于阈值 τ 的列关键词（第 3~16 行）。如果是，那么就获取该分支叶子节点中的行标签，并检测标签的个数是否大于阈值 σ（第 17~19 行）。如果是，那么就将这些列标签作为关键词、相应行标签作为值返回（第 20~21 行）。否则，就继续检测其他分支以及其他元素作为第一元素时是否满足上述条件（第 1 行）。注意其中用到了首元素轮换法 FIT，其目的是减少列关键词集合的个数。具体细节参考算法 4-9。

算法 4-9 基于列关键词的模糊查询（FQ$_c$）。

输入：实验条件 *c*，实验条件阈值 τ，基因名 σ；输出：HashMap<*c*,*g*> *result*

1. **for** (*i* ← 0 to |*c*|-1) **do** // 首元素轮换法

2. *keyNode*←*columnHeadTable*.get(*c*$_i$);**if** (*key* 为空) **then return** *null*;

3. **while** (*key* 不为空) **do**

4. *list*.add(*c*$_i$);*node*←*keyNode* 的父节点;*no*←|*c*| − 2;

5. **while** (*no* ≥ |*c*|-τ) **do**

6. **for** (*it*:*c*) **do**

7. **if** (*it*=*node*.getItem()) **then** *no*--;*list*.add(*it*);*break*;

8. **if** (*node* 为根节点 *treeRoot*) **then** *break*;

9. **else** *node*←*node* 的父节点;

10. **if** (*no* ≤ |*c*|-τ) **then**

11. **while** (*node* 不为根节点 *treeRoot*) **do**

12. **for** (*it*:*c*) **do**

13.   **if** (*it*=*node*.getItem()) **then** *no*--;*list*.add(*it*);*break*;

14.   *node*←*node* 的父节点；

15.   *nodes*.add(*key*);

16.   *key*←*key*.getFwdLink();

17. **for** (*inNode*:*nodes*) **do** *nameSet* ← *inNode* 节点中的基因名；

18. **if** (*result*.hasKey(*list*)) **then** *nameSet*.addAll(*result*.get(*list*));

19. *result*.put(*list*,*nameSet*);*nameSet*.clear();*list*.clear();

20. **for** (*res*:*result*) **do**

21. **if** (|*res*.value| < σ) **then** *result*.remove(*res*);// 基因名个数小于阈值，则剪枝

22. **return** *result*;

例 4-9 基于实验条件的模糊查询（FQ_c）：以表 4-2 中的数据和图 4-2 中的 pIndex 索引为例来说明基于实验条件的模糊查询（FQ_c）算法。给定实验条件<Ⅵ，Ⅲ，Ⅰ>、列阈值 2 和行阈值 3，查询那些包含上述实验条件的基因集合。首先，利用<Ⅰ>作为首元素，获取到分支<Ⅵ，Ⅲ，Ⅰ>的长度大于列阈值 2，接着获取到该分支叶子节点中含有的基因名列表为<1，2，5，4，6，3，9>，其中的元素数目超过 3。其次，利用<Ⅲ>作为首元素，获取到分支<Ⅵ，Ⅲ>和<Ⅵ，Ⅱ，Ⅲ>的长度大于列阈值 2。接着获取到两个分支叶子节点中含有的基因名列表都为<1，2，5，4，6，3，9，7，10，11>，且二者元素数目都超过 3。最后，利用<Ⅵ>作为首元素，没有符合条件的基因集合。这时，就将上述键值对作为结果返回。

4.5.2 多类型 OPSM 查询

多类型 OPSM 查询方法用到的数据如表 4-3 所示，其中的基因表达数据的排序与替换结果见表 4-4。

表 4-3 多类型 OPSM 查询所用数据集

	c_0	c_1	c_2	c_3	c_4	c_5
a	0.375	0.115	-0.201	0.254	-0.094	-0.181
b	0.238	0	0.150	0.165	-0.191	0.132
c	0.097	0.013	0.284	0.076	—	0.155
d	0.138	0.084	-0.159	0.129	—	0.217
e	0.394	0.909	0.443	0.818	1.070	0.227

续表

	c_0	c_1	c_2	c_3	c_4	c_5
f	0.385	0.822	0.426	0.768	1.013	0.226
g	0.329	0.690	0.244	0.550	—	0.327
h	0.384	0.730	0.066	0.529	—	0.313

表 4-4　序列矩阵

	1	2	3	4	5	6
a	c_2	c_5	c_4	c_1	c_3	c_0
b	c_4	c_1	c_5	c_2	c_3	c_0
c	c_1	c_3	c_0	c_5	c_2	—
d	c_2	c_1	c_3	c_0	c_5	—
e	c_5	c_0	c_2	c_3	c_1	c_4
f	c_5	c_0	c_2	c_3	c_1	c_4
g	c_2	c_5	c_0	c_3	c_1	—
h	c_2	c_5	c_0	c_3	c_1	—

例 4-10　将表 4-3 中基因 a 在所有实验条件下的表达值排序之后，得到数组向量 <-0.201, -0.181, -0.094, 0.115, 0.254, 0.375>。接着将各个数字替换为排序前所在的列标签，得到序列向量 <c_2, c_5, c_4, c_1, c_3, c_0>，如表 4-4 首行所示。

例 4-11　假如表 4-3 中序列的输入顺序为 c, d, a, g, h, b, e, f。首先创建索引的第一个分支 $c_1c_3c_0c_5c_2$，其中每一个列标签存放在一个节点中，同时按照列标签出现的先后顺序建立列表头。在遍历到分支的最后一个节点时，将基因名放置在其中。接着，创建索引的第二个分支 $c_2c_1c_3c_0c_5$。由于 c_2 已经存在于列表头中，只需将上个分支中 c_2 所在节点的指针指向该节点。其他节点与分支的创建与上述过程类似。最终创建好的 pIndex 索引如图 4-3 所示。

在基于列的精确查询算法 EQ_c 的基础上，提出了多类型 OPSM 查询算法 GEQ_c。当查询正相关 OPSM 时，直接调用 EQ_c 算法（算法 4-10 第 1 行）。对于负相关 OPSM 查询，首先反转实验条件关键词，接着调用 EQ_c 算法（第 2~3 行）。对于时滞不超过 d 的正相关 OPSM 查询，首先获取关键词序

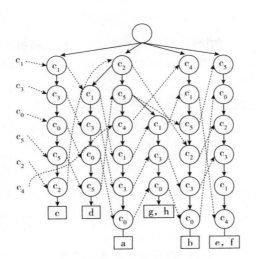

图 4-3　pIndex 索引举例

列 c 中从第 i 个元素开始的序列，其中 $0 \leqslant i \leqslant d$，接着调用 EQ_c 算法（第 4~ 7 行）。对于时滞不超过 d 的负相关 OPSM 查询，首先获取关键词序列 c 中从第 i 个元素开始的序列，接着调用 EQ_c 算法（第 8~11 行）。有关多类型 OPSM 查询算法的具体细节，请参考算法 4-10。

算法 4-10　多类型 OPSM 查询（GEQ_c）。

输入：实验条件关键词 c，时滞时间点数 d，基因个数阈值 σ

输出：存放有 $<c,g>$ 键值对的哈希表 *result*

1. $EQ_c(c,\sigma)$;// 正相关 OPSM 查询

2. $c_{reverse}$ ←列关键词 c 的反向序列；

3. $EQ_c(c_{reverse},\sigma)$;// 负相关 OPSM 查询

4. **for** ($i \leftarrow 1$ to 最大时滞 d) **do**

5. 　$col \leftarrow c$ 中从第 i 个元素开始的序列；

6. 　$EQ_c(col,\sigma)$;// 时滞正相关 OPSM 查询

7. 　验证并剔除假阳性搜索结果；

8. **for** ($i \leftarrow 1$ to 最大时滞 d) **do**

9. 　$col \leftarrow c_{reverse}$ 中从第 i 个元素开始的序列；

10. 　$EQ_c(col,\sigma)$;// 时滞负相关 OPSM 查询

11. 　验证并剔除假阳性搜索结果；

例 4-12　给定根据表 4-4 中的数据创建的如图 4-3 所示的索引、列关键词 c_4，c_1，c_3，c_0、基因个数阈值 2，查询符合条件的正相关 OPSM。

首先从列表头中查询包含关键词 c_0 的分支，再以自底向上的方式遍历各个分支，同时检测其中是否依次包含 c_3、c_1、c_4，然后得到基因 a、b 所在的分支符合条件，最后得到 $<c_4, c_1, c_3, c_0: a, b>$ 为正相关 OPSM［见图 4-1（a）］。

例 4-13 给定根据表 4-4 中的数据创建的如图 4-3 所示的索引、列关键词 c_4，c_1，c_3，c_0、基因个数阈值 2，查询符合条件的负相关 OPSM。

与例 4-12 的唯一不同是反转关键词。查询过程同上，最后得到 $<c_4, c_1, c_3, c_0: e, f>$ 为 $<c_4, c_1, c_3, c_0: a, b>$ 的负相关 OPSM［见图 4-1（b）］。

例 4-14 给定根据表 4-4 中的数据创建的如图 4-3 所示的索引、列关键词 c_4，c_1，c_3，c_0、时滞时间点数 1、基因个数阈值 2，查询符合条件的时滞正相关 OPSM。

首先搜索包含 c_1、c_3、c_0 的分支，接着一一验证是否真正符合条件，然后找出基因 c、d 所在的分支符合条件，最后得到 $<c_1, c_3, c_0, c_5: c, d>$ 为 $<c_4, c_1, c_3, c_0: a, b>$ 的时滞正相关 OPSM［见图 4-1（c）］。

例 4-15 给定根据表 4-4 中的数据创建的如图 4-3 所示的索引、列关键词 c_4，c_1，c_3，c_0、时滞时间点数 1、基因个数阈值 2，查询符合条件的时滞负相关 OPSM。

与例 4-14 的唯一不同是反转关键词。查询过程同上，最后得到 $<c_1, c_3, c_0, c_5: g, h>$ 为 $<c_4, c_1, c_3, c_0: a, b>$ 的负相关 OPSM［见图 4-1（d）］。

4.6　实验评估

本节主要评估所提出方法 pIndex 的有效性与可扩展性。因为其为 OPSM 查询的第一个工作，所以仅与基本方法 pfTree 做比较。pfTree 在第 4.3 节中有详细介绍，其与 pIndex 的不同是没有利用任何辅助数据结构来加速搜索。实验主要验证以下方面：

（1）pIndex 和 pfTree 两种索引的大小基本相等，当数据集中实验条件较小时，两种方法的压缩率高达 98%。

（2）单机上，虽然 pfTree 在索引的创建与更新方面表现稍稍优于 pIndex，但是 pIndex 在索引的删除、基于行/列的精确查询、基于行/列的模糊查询等方面要优于 pfTree 1~2 个数量级。

（3）同样，pIndex 在 Hadoop 和优化的 Hama（Jiang T 等，2013）平台上进行了实现，通过实验验证了所给框架与策略拥有较好的可扩展性。

本章所提出方法的查询准确率都为 100%，而其他方法大多数是批量挖掘方法，不能输入具体的关键词，没有可比性，所以本章就不再比对具体的查询准确率。

实验测试中使用了真实数据[①]与生成数据。因为真实数据是真实需求的来源，所以大多数测试是在真实数据上完成的。实验用到的机器是 1.87GHz 频率 16GB 内存且运行着 Ubuntu 12.04 的浪潮服务器（分布式并行情况下，可以利用的节点个数为 9）。本章用 Java 语言来实现以上方法，并使用 Eclipse 4.3 来编译运行程序。需要说明的是，本节实验用到的 Hadoop 和 Hama 版本分别为 0.20.2 和 0.4.0，用到的数据集的具体情况如表 4-5 所示。

表 4-5   OPSM 数据集

数据集	文件名	基因数	实验条件数
D_1	adenoma	12488	6
D_2	a549	22283	11
D_3	5q_GCT_file	22278	24
D_4	krasla	12422	50
D_5	bostonlungstatus	12625	94
D_6	bostonlungsubclasses	12625	202

4.6.1   单机性能

（1）评估 pfTree 和 pIndex 两种索引的大小。

前文已经提到，pfTree 和 pIndex 两种索引都是基于前缀树来索引数据的，虽然 pIndex 索引还包括辅助的数据结构——行列表头，但是这个辅助结构只需要占用很少的内存空间，所以这里共用一个压缩比。图 4-4 描述

---

① Cancer Program Data Sets（Broad Institute. Datasets. rar and 5q_gct_file. gct），http://www. broadin-stitute. org/cgi-bin/cancer/datasets. cgi.

了两种索引在 4 种拥有不同列数 (6 列、11 列、24 列、50 列) 以及行数从 1000 行依次递增到 12000 行过程中的压缩比。图 4-4 中的曲线清晰地给出一个事实：列数越少，压缩比越高。另外还展示了一个隐藏的属性：索引压缩基本上与行数的变化无关，即当行数不断地增长时，索引压缩比没有明显的变化。为了更清晰地了解索引创建的代价，表 4-6 和表 4-7 中分别给出了行变列不变、列变行不变情况下的具体运行时间。

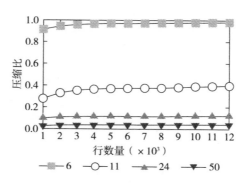

图 4-4　索引压缩比

表 4-6　图 4-5 (a) 中具体运行时间　　　　　　单位：秒

	1	2	3	4	5	6	7	8	9	10	11	12
pfTree	0.6	0.794	0.934	1.479	1.647	1.84	1.955	2.055	2.944	3.071	3.175	3.388
pIndex	9.1	53.5	131.1	146.5	231.3	335.1	460.3	604.9	1274.3	1535.7	1920.5	2395.0

注：列 "1" 代表 1000、列 "2" 代表 2000，其他类似。

表 4-7　图 4-5 (b) 中具体运行时间　　　　　　单位：秒

	6	11	24	50	94	202
pfTree	0.593	0.612	0.692	0.845	1.597	3.071
pIndex	1.017	13.829	95.198	317.906	694.64	1535.722

　　我们已经验证了 pfTree 和 pIndex 两种索引的大小，这里评估 pfTree 和 pIndex 两种索引在创建过程中的性能。图 4-5 (a) 和图 4-5 (b) 分别展示了两种方法索引不同的行和列的数据集时的创建时间。如图 4-5 (a) 和图 4-5 (b) 所示，在创建索引过程中，pfTree 在所有的行和列条件下的索引耗时都要少于 pIndex，原因是 pIndex 要用额外的时间来创建行列表头。

虽然 pIndex 在创建索引上的性能不及 pfTree，但是 pIndex 在后续的其他测试中性能明显优于 pfTree。

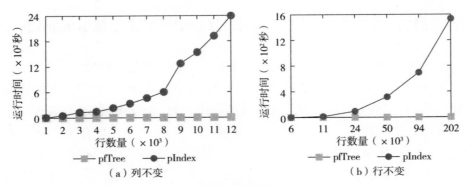

图 4-5　索引创建

与索引创建的耗时情况类似，当向 pfTree 和 pIndex 两种索引中插入 10~2000 行且列固定不变（200 列），以及插入 6~202 列且行固定不变（100 行）的过程中，pfTree 的耗时同样少于 pIndex 索引，更多细节参考图 4-6（a）与图 4-6（b）。为了更清晰地了解索引插入的代价，表 4-8 和表 4-9 中分别给出了行变列不变、列变行不变情况下的具体运行时间。

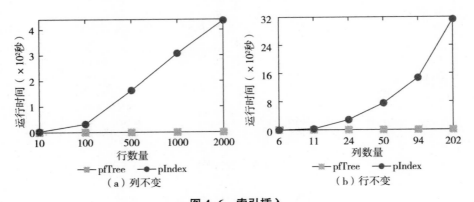

图 4-6　索引插入

表 4-8　图 4-6（a）中具体运行时间　　　　　　　　　单位：秒

	10	100	500	1000	2000
pfTree	0.013	0.029	0.063	0.113	0.237
pIndex	3.237	31.34	162.274	306.659	435.908

表 4-9　图 4-6 （b） 中具体运行时间　　　　　　单位：秒

	6	11	24	50	94	202
pfTree	0.5	2.1	2	0.8	1.9	2.9
pIndex	0.8	30.9	286.8	748.7	1471.8	3134

从 pfTree 和 pIndex 两种索引中删除若干数据的可扩展性能如图 4-7 （a）和图 4-7 （b） 所示。本测试将表 4-5 中的 D_6 中的 10000 行数据作为索引数据。如果后文没有特别说明，用到的数据中的行列数分别为 $|G|$ = 10000 行、$|C|$ = 202 列。首先，测试从索引中删除 5 个基因 （行） 集合的耗时。从图 4-7 （a） 中可以看出，pfTree 索引在删除上的耗时从 754 毫秒增长到 2449 毫秒，而 pIndex 的耗时从 20 毫秒增长到 256 毫秒。pIndex 的增长趋势以及耗时都要明显小于 pfTree。与图 4-7 （a） 类似，当从索引中删除 5 个实验条件 （列） 集合时，如图 4-7 （b） 所示，pfTree 索引在删除上的耗时从 1154 毫秒减少到 1007 毫秒，而 pIndex 的耗时从 535 毫秒增长到 99 毫秒。pIndex 的减少趋势都要明显大于 pfTree。

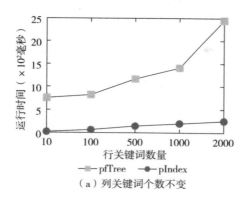
（a） 列关键词个数不变

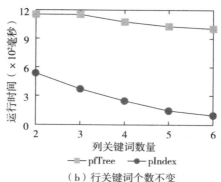
（b） 行关键词个数不变

图 4-7　索引删除

（2） 评估基于行 （基因） 关键词的精确、模糊查询性能。

第一步，我们测试的是基于行 （基因） 关键词的精确查询性能。当行关键词从 2 增长到 6 的过程中，如图 4-8 （a） 所示，两种方法的运行时间基本上是两条水平线，但是 pfTree 的运行时间是 pIndex 的 30 倍以上。当在 6 种不同的数据集上进行统一查询时 （即索引的数据为 6 种不同数据），如图 4-8 （b） 所示，pfTree 的运行时间基本上是 pIndex 的 35 倍以上。为了更清晰地了解基于行关键词的精确查询的代价，表 4-10 和表 4-11 中分别给出了行关键词个数变化、数据集变化情况下的具体查询时间。

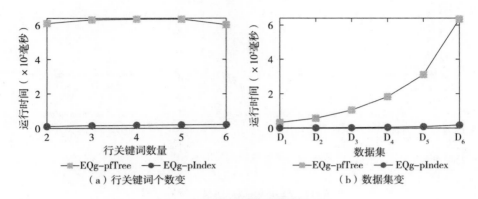

图 4-8　基于行关键词的精确查询

表 4-10　图 4-8（a）中具体运行时间　　　　　　单位：毫秒

	2	3	4	5	6
EQ_g-pfTree	610	631	635	635	603
EQ_g-pIndex	11	16	18	20	22

表 4-11　图 4-8（b）中具体运行时间　　　　　　单位：毫秒

	D_1	D_2	D_3	D_4	D_5	D_6
EQ_g-pfTree	33	58	105	183	311	635
EQ_g-pIndex	1	2	3	5	9	18

　　第二步，我们测试的是基于行（基因）关键词的模糊查询性能。图 4-9（a）和图 4-9（b）分别给出了在不同数目的行关键词以及数据集上的基于行（基因）关键词的模糊查询的性能。pfTree 的运行时间增长幅度较大，而 pIndex 的运行时间基本上是一条水平线。总体上看，在两种情况下，pIndex 的性能分别是 pfTree 的 70~360 倍与 8~130 倍。本测试证明了基于行表头 pIndex 索引和行关键词的精确和模糊查询具有良好的可扩展性。为了更清晰地了解基于行关键词的模糊查询的代价，表 4-12 和表 4-13 中分别给出了行关键词个数变化、数据集变化情况下的具体查询时间。

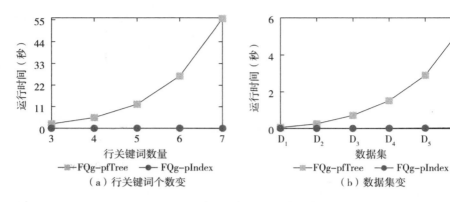

（a）行关键词个数变

（b）数据集变

图 4-9　基于行关键词的模糊查询

表 4-12　图 4-9（a）中具体运行时间　　　　　　单位：秒

	3	4	5	6	7
$FQ_g-pfTree$	2.206	5.457	12.239	26.651	55.671
$FQ_g-pIndex$	0.032	0.042	0.066	0.099	0.156

表 4-13　图 4-9（b）中具体运行时间　　　　　　单位：秒

	D_1	D_2	D_3	D_4	D_5	D_6
$FQ_g-pfTree$	0.057	0.255	0.717	1.524	2.905	5.457
$FQ_g-pIndex$	0.007	0.011	0.012	0.018	0.027	0.042

（3）评估基于列（实验条件）关键词的精确、模糊查询的性能。

第一步，我们测试基于列关键词的精确查询性能。如图 4-10（a）所示，当索引数据为 D_6 且列关键词个数从 2 增长到 6 时，除了关键词为 2 这种情况，pIndex 的性能都要远远优于 pfTree。潜在的原因是当关键词较少时，pfTree 遍历比较少的树节点，从而在关键词数量为 2 时性能优于 pIndex。接着测试在索引 6 种不同数据且执行同样的基于列的精确查询时的性能。如图 4-10（b）所示，pIndex 的性能是 pfTree 的 1~9 倍。

第二步，我们测试基于列关键词的模糊查询性能。如图 4-11（a）所示，首先当索引数据为 D_6 且列关键词个数从 2 增长到 6 时，pfTree 的运行时间急剧增长，但是 pIndex 的耗时基本上是一条水平线。其次测试在索引 6 种不同数据且执行同样的基于列的模糊查询时的性能。在图 4-11（b）中，

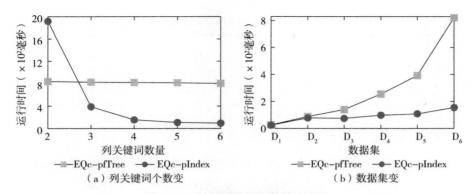

（a）列关键词个数变　　　　　　（b）数据集变

图 4-10　基于列关键词的精确查询

pfTree 的响应时间从 120 毫秒增长到 33589 毫秒，而 pIndex 的耗时从 175 毫秒增长到 3256 毫秒，pIndex 的增长趋势和执行时间都远远小于 pfTree。最后测试当只有列关键词的阈值在不断变化、在数据集 D_6 上且执行同样的基于 6 个列关键词的模糊查询时的性能。如图 4-11（c）所示，pIndex 的性能是 pfTree 的 461~759 倍。该测试证明了列表头和首元素轮换法在查询过程中起着重要的作用，同时也说明了 pIndex 在基于列关键词的查询上具有良好的可扩展性。为了更清晰地了解基于列关键词的模糊查询的代价，表 4-14 和表 4-15 中分别给出了列关键词个数变化、列关键词阈值变化情况下的具体查询时间。

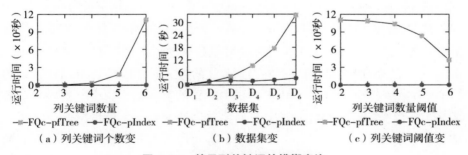

（a）列关键词个数变　　　　（b）数据集变　　　　（c）列关键词阈值变

图 4-11　基于列关键词的模糊查询

表 4-14　图 4-11（a）中具体运行时间　　　　　　单位：秒

	2	3	4	5	6
FQ_g-pfTree	1. 476	7. 122	33. 589	181. 868	1105. 505
FQ_g-pIndex	3. 835	3. 553	3. 265	2. 679	2. 348

表 4-15　图 4-11 （c）中具体运行时间　　　　单位：秒

	2	3	4	5	6
FQ_g–pfTree	1105. 505	1088. 787	1036. 164	832. 337	423. 74
FQ_g–pIndex	2. 398	1. 77	1. 384	1. 096	0. 634

（4） 我们评估五种查询方法的性能。

五种方法分别为： ①基于 pfTree 索引与列关键词的精确查询方法 EQ_c–pfTree。②基于 pIndex 索引与列关键词的精确查询方法 EQ_c–pIndex。③基于 pIndex 索引与列关键词的负相关 OPSM 精确查询方法 GEQ_c–nega。④基于 pIndex 索引与列关键词的时滞正相关 OPSM 精确查询方法 GEQ_c–posi–delay。⑤基于 pIndex 索引与列关键词的时滞负相关 OPSM 精确查询方法 GEQ_c–nega–delay。由于基于 pIndex 索引与列关键词的正相关 OPSM 精确查询方法 GEQ_c–posi 与 EQ_c–pIndex 方法基本相同，所以予以省略。在查询时滞 OPSM 时， 其时滞步长 d 为 1。

第一步， 我们测试随着列关键词数目变化时各种查询方法的性能。索引所用到的数据为 10000 行的数据集 D_6。具体的查询响应时间如图 4-12 （a） 所示。当列关键词个数由 3 增长到 7 的过程中， EQ_c–pfTree 查询方法的响应时间由约 830 毫秒逐步减少到约 800 毫秒， EQ_c–pIndex 方法的查询响应时间由约 480 毫秒减少到约 45 毫秒， GEQ_c–nega 方法的查询响应时间由约 210 毫秒减少到约 45 毫秒， GEQ_c–posi–delay 方法的查询响应时间 （在除去列数 3 的情况下， 其为 1900 毫秒） 由约 270 毫秒减少到约 50 毫秒， GEQ_c–nega–delay 方法的查询响应时间 （在除去列数 3 的情况下， 其为 1800 毫秒） 由约 210 毫秒减少到约 50 毫秒。由于时滞 OPSM 的关键词少一个， 其候选结果较多， 所以会相对比较耗时。随着列关键词的增长， 这种情况会越来越不明显。本实验证明了基于 pIndex 的查询方法性能总体上优于基于 pfTree 的查询方法， 尽管 GEQ_c 方法部分性能不及 EQ_c–pfTree。

第二步， 我们在 6 种数据集上评估所提出方法在同一查询下 （4 个列关键词， KiWi [①] 方法除外） 的响应时间。索引所用到的数据为 10000 行的数据集。具体的查询响应时间如图 4-12 （b） 所示。随着数据维度的增长，

---

① KiWi Software 1. 0. http://www. bcgsc. ca/platform/bioinfo/ge/kiwi/.

EQ_c-pfTree 查询方法的响应时间成指数级飞速增长，而其他四种方法基本保持在一定的时间范围内。具体情况如下：EQ_c-pfTree 查询方法的响应时间由约 25 毫秒急速增长到约 820 毫秒，EQ_c-pIndex 与 GEQ_c-nega 方法的查询响应时间基本相同（由约 10 毫秒增长到约 70 毫秒。在数据集 D_6 上，前者响应时间略高，约为 260 毫秒），GEQ_c-posi-delay 与 GEQ_c-nega-delay 方法的查询响应时间基本相同，且略高于 EQ_c-pIndex 与 GEQ_c-nega 方法的查询响应时间，其由约 20 毫秒逐步增长到 220 毫秒。由于 KiWi 方法是一种从基因表达数据中批量挖掘 OPSM 的方法，没有列关键词选项，所以采用其默认设置。KiWi 在 D_2 数据集上的运行时间最长（109 毫秒），在 D_3 和 D_1 数据集上的运行时间稍短（分别为 47 毫秒和 31 毫秒），在 D_4、D_5 和 D_6 数据集上的运行时间最短（基本为 16 毫秒）。本实验证明了本章提出的方法具有查询的有效性与良好的可扩展性。

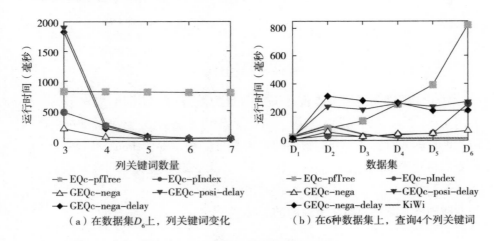

（a）在数据集 D_6 上，列关键词变化　　　　（b）在 6 种数据集上，查询 4 个列关键词

图 4-12　算法在单机上的运行时间

4.6.2　并行性能

在接下来的实验中，我们主要以 pIndex 方法为例，展示其在单机（SM）、Hadoop 和 Hama（两个节点）平台上的性能。因为前文已详细地给出了 pIndex 在单机上的性能，本节只展示其在索引创建、基于列关键词的精确查询、基于列关键词的模糊查询等方面的性能。

图 4-13（a）和图 4-13（b）给出了 pIndex 在行变列不变、列变行不变两种情况下创建索引耗费的时间。如图 4-13（a）所示，无论是在行变列不变、列变行不变情况下，pIndex 在 Hadoop、Hama 两个平台上的性能都是其在单机之上性能的 2~6 倍。在图 4-13（b）中，pIndex 在 Hadoop 上的性能明显优于其在 Hama 上的性能。原因是数据在 Hama 平台上有偏斜，而 Hadoop 可以利用自身的小文件机制来解决该问题。

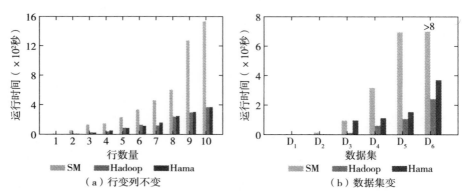

（a）行变列不变   （b）数据集变

图 4-13　索引创建

基于列关键词的精确查询在不同数量的关键词、不同的数据下的耗时如图 4-14（a）和图 4-14（b）所示。当索引数据为 D_6 且列关键词的数目由 2 增长到 6 时，基于列关键词的精确查询在 Hadoop、Hama 两个平台上的性能都是其在单机之上性能的 2 倍以上。当测试其在 6 种不同数据上执行同一查询是的性能时，基于列关键词的精确查询在 Hadoop、Hama 两个平台上的性能同样是其在单机之上性能的 2~3 倍。

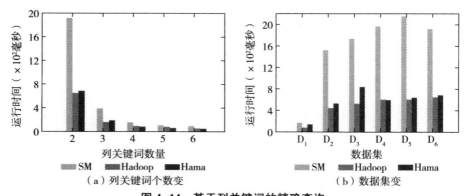

（a）列关键词个数变   （b）数据集变

图 4-14　基于列关键词的精确查询

图4-15（a）和图4-15（b）展示了基于列关键词的模糊查询在三个平台之上的可扩展性。当索引数据为 D_6 且列关键词的数目由 2 增长到 6 时，如图4-15（a）所示，基于列关键词的模糊查询在 Hadoop、Hama 两个平台上的性能有着同样优越的性能，都是其在单机之上性能的 2~3 倍。接着，我们测试当只有列关键词的阈值在不断变化、在数据集 D_6 上且执行同样的基于 6 个列关键词的模糊查询时的性能，如图4-15（b）所示，与前者相似，在 Hadoop、Hama 两个平台上有着同样优越的性能，都是其在单机之上性能的 2~3 倍。

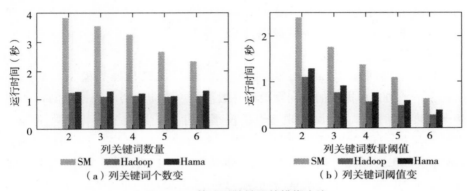

图 4-15　基于列关键词的模糊查询

最后，我们评估基于 pIndex 的索引与查询方法在不同集群节点情况下的可扩展性。如图4-16（a）所示，当集群节点数由 2 增加到 8 的过程中，在 4（或 8）个节点情况下的索引的创建时间是其在 2（或 4）个节点情况下的 1/4 倍，且 Hadoop 和 Hama 两个平台展示了几乎同样优越的性能。同样，如图4-16（b）所示，当其执行 6 个列关键词的模糊查询时，其在 4

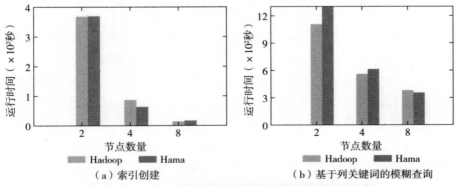

图 4-16　pIndex 索引查询方法在不同节点数量下的比较

（或 8）个节点情况下的查询性能是其在 2（或 4）个节点情况下的 2 倍。通过该实验，知道 pIndex 拥有良好的可扩展性。虽然 pIndex 在创建索引上比 pfTree 消耗了更多的时间，但是可以利用分布式并行平台来解决。

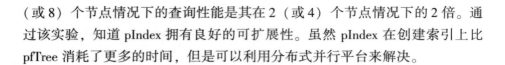

4.7　相关工作

本节主要回顾 OPSM 挖掘研究的现有工作，因为本章是基于 OPSM 挖掘方法之上的工作。除了 OPSM 挖掘技术，本节还要回顾 OPSM 查询的现有研究，因为其是本章的核心工作。

模式挖掘问题（Yang J 等，2002）的最早成果是聚类模型，其是由 Cheng 等（2000）提出的双向聚类的一般形式。双向聚类对数据集的行和列两个维度同时聚类，克服了现有聚类模型的存在的聚类要求比较苛刻和不准确等问题。OPSM 是双聚类问题中的一种解决方案，其概念首先由 Ben-Dor 等（2002，2003）提出。因为 OPSM 是一个 NP 难问题，所以其不保证找到全部 OPSM。为了解决这个问题，Liu 等（2003）介绍了一种确定性算法，即设计了一个名叫 OPC-Tree 的辅助数据结构，用来搜索所有空间，因此其可以发现全部 OPSM。Gao 等（2006，2012）观察到生物学家尤其喜欢找出一小部分基因间的关系，为此，他们提出名为 KiWi 的框架来大大减小搜索空间与问题规模。然而，由于真实基因表达数据存在天然的噪声，现有的方法不能很好地发现重要的 OPSM。为了解决这个问题，Zhang 等（2008）提出一种名为 AOPC 的抗噪模型。同样 Fang 等（2010）为了解决这个问题，给出了一种名为 ROPSM 的模型，其利用分别以列和行为中心的增长方法来挖掘宽松的 OPSM 模式。随后，Fang 等（2012）又提出一种名为 BOPSM 的新的 OPSM 宽松模型，其考虑加入线性的宽松条件。

对于 OPSM 的查询问题，现有的研究工作还比较少。与本章最相关的研究工作为 Liu J 等（2003）、Jiang D 等（2004b）的研究，且其也是为 OPSM 批量挖掘或者结果的展示而设计的。Liu 等（2003）设计的辅助数据结构使 OPSM 的数据量大大减少。Jiang 等（2004b）给出一种交互式的 OPSM 挖掘方法，其通过上钻和下翻的形式来搜索想要的数据，所以其在很大程度上为从大量 OPSM 分析结果中找到想要的模式提供了便利。据我们所知，本书

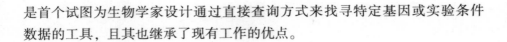

是首个试图为生物学家设计通过直接查询方式来找寻特定基因或实验条件数据的工具，且其也继承了现有工作的优点。

4.8 小结

为了解决基因表达数据和 OPSM 分析数据中保序子矩阵的查询问题，本节提出一种名为 pIndex 的带有行列表头的索引。pIndex 在索引的删除、基于行/列关键词的精确/模糊/多类型 OPSM 查询等方面有良好的有效性和可扩展性。尽管其在索引的创建、索引的插入等方面表现不及基本方法 pfTree，但是实验结果表明可以利用分布式并行方法来解决该缺陷。在未来的研究中，试图探索为后续查询在线分享查询结果，而不是每次查询都要重新做一遍。

尽管本章给出了多种类型的 OPSM 的查询工作，还有诸如 shifting、scaling 和 shifting-scaling 等多种类型的 OPSM 的查询有待研究。本质上，这些有待研究的内容也可以转化为本章的研究工作，然而本章的研究工作是有其自身特点的：即使使用现有的方法可以解决，但在性能上还是有待提高的。在未来的研究中，我们试图寻找新的索引与查询方法来改善多类型 OPSM 的搜索效率。

5 OMEGA：OPSM 的挖掘、索引与查询工具

本章主要利用第 3 章提出的基于蝶形网络的并行分割与挖掘方法和第 4 章提出的 OPSM 索引与查询方法来验证前两章工作的成效。

5.1 引言

基因芯片使得同时监测成千上万基因在成百上千实验条件下的表达水平成为现实。基因芯片之上的基因表达数据可以看作 $n \times m$ 的矩阵，其中 n 为基因数目（行数），m 为实验条件个数（列数），矩阵中的每个数据表示给定基因在设定实验下的表达水平。对于基因表达数据的挖掘，现有的聚类方法并不能很有效地工作，因为大多数基因仅仅在部分实验条件下紧密协同表达，而不必要求在所有的实验条件下拥有相同或者类似的表达值。在这种情况下，OPSM 模型应运而生。该模型是基于模式的聚类模型之一，可以更好地胜任挖掘有意义聚类的任务。本质上，一个 OPSM 是由部分行部分列组成的一个矩阵，其中的所有行在所有列上的表达值具有相同的线性顺序，如行 g_2、g_3 和 g_6 在列 2、7、5 和 1 上具有递增的表达水平。由此，我们知道 OPSM 关注的只是列的相对顺序而非真实表达值。随着基因表达数据数量和规模的快速增长，亟待寻找快速挖掘的技术来处理如此大规模的数据。同时，OPSM 挖掘结果的数据集也大量积累着且没有得到有效的利用，因此为生物学家研究并设计一个基于关键词的查询工具就显得非常重要，因为在大数据环境下 OPSM 查询显然比批量挖掘更直接有效地分析基因和/或实验条件之间的关系甚至预测基因的功能。现有的 OPSM 挖掘工具，如 GPX（Jiang D 等，2004b）和 BicAT（Barkow S 等，2006），是为单个机

器而设计开发的，其在分布式并行平台之上并不能很好地工作。其中存在的问题有如何减少通信时间、网络负载以及重复结果的比重。上述单机工具主要关注的是如何提供 OPSM 的批量挖掘技术，且很少考虑支持 OPSM 的查询。虽然 GPX 可以利用图形化界面来对 OPSM 数据进行上钻或者下翻，但是其效率还是比较低的。

为了解决上述问题，本节提出并实现了一个系统原型 OMEGA，其可以用来做 OPSM 的挖掘、索引与搜索工作。OMEGA 的主要特点如下：

（1）OMEGA 的离线部分利用第 2 章提出的基于蝶形网络的 OPSM 并行挖掘框架与策略。现有的 OPSM 批量挖掘方法仅能利用单机来工作，但是 OMEGA 支持多机器来进行 OPSM 的挖掘。

（2）OMEGA 的在线部分利用第 3 章提出的 OPSM 的索引与查询方法。首先，该工具基于带有行列表头的前缀树来创建索引。接着，基于行列关键词来处理 OPSM 的查询。同时，其保存重要的查询结果为后续查询所用，演示也证明了 OMEGA 能提高 OPSM 批量挖掘与查询的效率。

5.2　系统架构

图 5-1 展示了 OMEGA 系统的架构。OMEGA 包含如下四个主要模块：

（1）列标签排列。此模块根据基因表达值来排列各列标签，排列好的列标签顺序正好符合严格的递增或者递减的基因表达值。将在 5.3.1 节讨论该模块的技术细节。

（2）OPSM 的分布式并行挖掘。该模块利用基于蝶形网络的大同步（BSP）模型来快速挖掘 OPSM，其技术细节将在 5.3.2 节展开详细阐述。

（3）创建索引。模块采用带有行列表头的前缀树来索引模块（1）中根据基因表达值大小排列好的列标签数据和（2）中挖掘出来的 OPSM 结果。具体方法将于 5.3.3 节中做出阐述。

（4）OPSM 查询。该模块根据输入的行列关键词返回具体的 OPSM 查询结果。同时，耗时比较长的查询结果将保存于内存中供后续相同查询利用，更多技术细节将在 5.3.4 节中讨论。

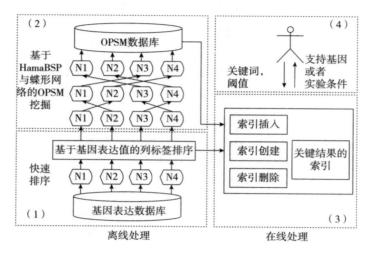

图 5-1　OMEGA 的系统架构

5.3　关键技术

本节主要介绍 OMEGA 在四个主要模块中采用的关键技术。

5.3.1　列标签排列

OPSM 模型主要关注的是数据矩阵中列标签的相对顺序而非真实绝对的基因表达值。通过对基因表达值的行向量的排序和相对位置的列标签的替换，原始的基因表达矩阵就转化为一个传统的序列数据库。同时，OPSM 挖掘规约为带有特殊性质的序列模式挖掘问题的一个特例。需要说明的是，这个序列数据库极度稠密，因为在每一个序列中每一个列标签出现且仅出现一次（假设没有缺失值）。实际上，可以采用任何排序算法来对每一行的列标签进行排列。本章采用经典的排序算法——快排来处理。同时，这个排序工作也是一个易并行问题，因为行与行之间没有任何联系，所以能够将一个数据集分割为多个小数据集放在多个机器上并行执行。

5.3.2 OPSM 的分布式并行挖掘

蝶形网络中节点个数 N 必须为以 2 为底的指数，即 2^i，其中 n 为超步最大个数。为了方便表示，蝶形网络中的节点用非负整数来表示，范围为 $[0, 2^i-1]$。在第 i 个超步中，每个节点首先做本地计算；其次将 N 个节点分为 $(\log_2 N)/2^{i-1}$ 组，$1 \leqslant i \leqslant n$，即每一组必须有 2^i 个成员，且这些成员拥有连续的编号；再次每一组又分成 2 个半组，每个半组中的节点与另一半组中步长之差为 2^{i-1} 的节点进行交互；最后当所有节点都完成交互之后就进入同步阶段。接下来重复上述步骤，直到没有信息传递或者超步数目达到 $\log_2 N$，Hama 平台的计算工作就停止下来。请查阅文献（Jiang T 等，2015b）来了解更多算法与实现的细节。

5.3.3 创建索引

一个压缩紧密的索引可以根据以下的观察来设计：①OPSM 之间有许多重复片段。如果每个重复片段只存储一次的话，可以避免许多不必要的存储工作，同时也可以节省许多宝贵的内存空间。②如果若干个 OPSM 拥有完全相同的列标签顺序的话，那么这些 OPSM 可以合并为一，且合并过程中只需要将行标签放在一起即可。③如果两个 OPSM 拥有相同的前缀的话，那么这个相同的部分可以由一个共同的前缀和两个分支组成（Jiang T 等，2015a）。为了展示如何利用上述方法，我们以表 5-1 中的数据为例来说明如何创建如图 5-2 所示的索引。

表 5-1 OPSM 数据集

行标签	列标签
1，2，5	Ⅵ，Ⅲ，Ⅰ，Ⅷ，ⅩⅥ
3，6，9	Ⅵ，Ⅲ，Ⅰ，Ⅱ，Ⅷ
7，10，11	Ⅵ，Ⅱ，Ⅲ
4，8，12	Ⅲ，Ⅱ，ⅩⅥ
4，6	Ⅵ，Ⅲ，Ⅰ，Ⅷ，ⅩⅥ

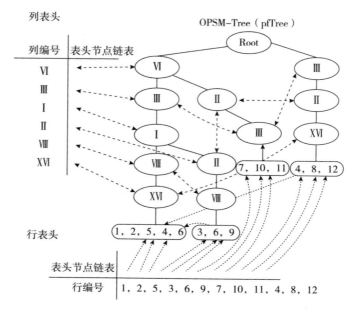

图 5-2　pIndex

第一，创建一个树的根 Root，并将其初始化为 null。第二，扫描 OPSM 数据集，扫描到的第 1 个 OPSM 生成了前缀树的第一个分支<Ⅵ，Ⅲ，Ⅰ，Ⅷ，ⅩⅥ>；注意必须保持每一个列标签的固有顺序，因为这个顺序是若干个基因在这些实验条件下具有单调递增或者单调递减的表达趋势。第三，将行标签（1，2，5，4，6）放在该分支的叶子节点中。对于第 2 个 OPSM，因为其中的列标签<Ⅵ，Ⅲ，Ⅰ，Ⅱ，ⅩⅢ>与第一个 OPSM 的列标签共享前缀有相同部分，即<Ⅵ，Ⅲ，Ⅰ>，所以只需要创建节点（Ⅱ）和（ⅩⅢ），并分别作为节点（Ⅰ）和（Ⅱ）的子节点。第四，将行标签（3，6，9）放在该分支的叶子节点中。对于第 3 个 OPSM<Ⅵ，Ⅱ，Ⅲ>，因为其与前两个分支共享节点（Ⅵ），所以需要创建两个节点（Ⅱ）和（Ⅲ），并分别作为节点（Ⅵ）和（Ⅱ）的子节点。第五，将行标签（7，10，11）放在该分支的叶子节点中。对于第 4 个 OPSM<Ⅲ，Ⅱ，ⅩⅥ>，因为其与前三个 OPSM 没有共享前缀，所以创建新的分支<Ⅲ，Ⅱ，ⅩⅥ>，并将行标签（4，8，12）放在该分支的叶子节点中。对于最后一个 OPSM<Ⅵ，Ⅲ，Ⅰ，Ⅷ，ⅩⅥ>，因为其与第 1 个 OPSM 完全相同，所以无须创建新的分支，只需要将行标签（4，6）放在该分支的叶子节点中即可。

列表头的创建方法和规则如下：列表头中元素的出现顺序是由列标签在前缀树中自上而下、从左到右的顺序决定的。在列表头中出现的每一个元素都是通过双向链接指向其在第 1 个出现分支中的位置的。其后如果还在其他分支出现，那么其在第一个出现分支中的节点也通过双向链接相互指向。依次下去，直到没有相同元素出现。当扫描完整个 OPSM 数据之后，带有列表头的 OPSM 前缀树索引就建立起来了，列表头如图 5-2 中左侧部分所示。

行表头的创建方法和规则如下：行表头中元素的出现顺序与列表头中元素的出现顺序的规则相似，即是由行标签在前缀树叶子节点中从左到右的顺序决定的。另外，与列表头中相似元素之间的链接方式不同，其在行表头中将相同元素出现的节点的位置放在 Hash 集合中。为了方便表示，在图 5-2 中用单向指针串联起来。同样，当扫描完整个 OPSM 数据之后，带有行表头的 OPSM 前缀树索引就建立起来了，行表头如图 5-2 中下侧部分所示。

5.3.4 OPSM 查询

本小节主要描述 OPSM 查询的四种方法以及对查询结果的处理方法。

对于基于行关键词的精确查询，其首先定位行关键词在行表头中出现的位置；其次根据行关键词在各个叶子节点所在位置来向上遍历所有分支；再次计算相应的分支间的最长公共子序列，这些相关分支的叶子节点的合集中应该包含一次且仅包含一次某个行关键词；最后将超过一定阈值的最长公共子序列作为结果返回。

对于基于列关键词的精确查询，首先，利用列表头来定位关键词所在分支，如果某个分支中含有全部的列关键词，且两者次序一致，那么就将其叶子节点中行标签数目大于一定阈值的作为结果返回；其次，检测剩余分支，直到检测完毕。

对于基于行关键词的模糊查询，首先计算大于一定阈值的行关键词的组合；其次定位每一个行关键词组合所在的分支，并计算一个行关键词中每一个关键词所在分支间的最长公共子序列。如果其大于一定阈值，那么其就作为结果返回。

对于基于列关键词的模糊查询，首先翻转列关键词的顺序，并取出第一个元素。其次利用列表头来定位含有这个元素的分支，并检测这些分支是否含有大于一定阈值的列关键词。如果是，那么就获取该分支叶子节点中的行标签，并验证标签的个数是不是大于设定阈值。倘若为真，那么就将这些列标签作为关键词、相应行标签作为值返回。否则，就继续检测其他分支以及其他元素作为第一元素时是否满足上述条件。

当获取到 OPSM 查询结果时，如果查询时间大于一定阈值，就将其存入内存。当内存不足时，首先将那些最长时间不利用的结果删除。当再次查询时，首先在这些事先存储的结果中检测是否含有符合条件的查询结果。如果有，那么直接返回。如果没有，那么按照相应查询方法进行查询。关于 OPSM 查询的更多细节，请参考 Jiang T 等（2015a）的研究。

5.4 系统演示

系统演示过程中利用到 6 个真实数据集，其可以从 Broad Institute 网站①上下载。在这些数据中，行数的范围为 ［12422，22278］。

离线计算部分（排列和挖掘）的执行环境是 Hama 4.0，在线计算部分（索引与查询）在单机上执行，其配置为 1.86 千兆赫兹的 CPU、2.9 千兆字节的运行内存、Ubuntu14.04 系统、Firefox28.0 浏览器。

利用浏览器来演示系统。图 5-3 展示了 OMEGA 系统界面。更多的细节

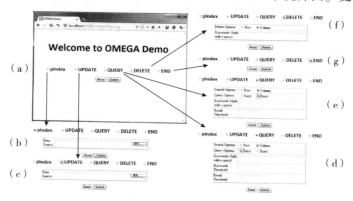

图 5-3 OMEGA 系统界面

---

① Cancer Program Data Sets（Broad Institute. Datasets. rar and 5q_gct_file. gct），http：//www. broad-institute. org/cgi-bin/cancer/datasets. cgi.

可以观看放在个人主页（https://sites.google.com/site/jiangtaonwpu/）上的视频。在演示过程中，将演示列的排序、OPSM 并行挖掘、索引的创建、不同参数下的查询处理。这些参数包括行列关键词、行列关键词的阈值、精确查询、模糊查询。

接下来详细演示主界面上看到的各个功能。

（1）pIndex 索引的创建。图 5-4 给出了创建 pIndex 索引前选择 OPSM 数据文件的界面，本演示用到的数据如表 5-2 所示。图 5-5 给出了 pIndex 索引创建后的信息输出界面，其中包括运行时间、列总数（即所有 OPSM 数据中的列数之和）、树节点个数和索引大小比值（即列总数与树节点个数的比值）。

Welcome to OMEGA Demo
pIndex
UPDATE
QUERY
DELETE
END
Data Source:
选择文件
未选择任何文件
Reset
Submit

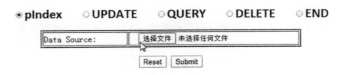

图 5-4　pIndex 索引创建前选择文件界面

表 5-2　演示过程中创建索引所用 OPSM 数据集

行标签	列标签
g1，g2，g5	6，3，1，8，16
g3，g6，g9	6，3，1，2，8
g7，g10，g11	6，2，3
g4，g8，g12	3，2，16
g4，g6	6，3，1，8，16

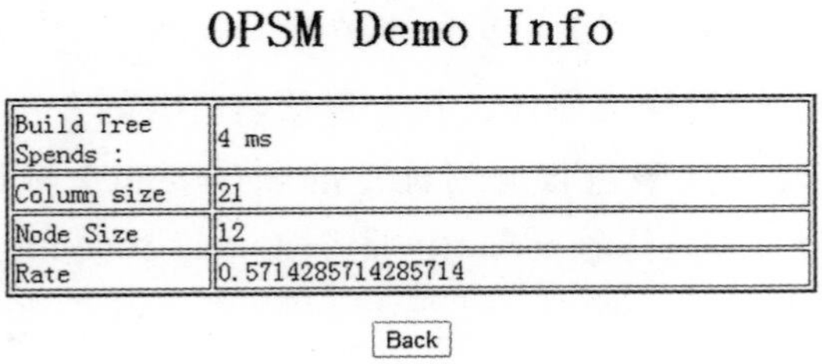

OPSM Demo Info
Build Tree Spends :
4 ms
Column size
21
Node Size
12
Rate
0.5714285714285714
Back

图 5-5　pIndex 索引创建后的输出信息界面

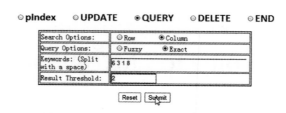

（2）基于列关键词的精确查询（EQ_c）。图 5-6 给出了 EQ_c 查询前输入关键词的界面，其中包括列关键词、结果阈值。图 5-7 给出了 EQ_c 查询后的信息输出界面，其中包括运行时间、包括关键词在内的列标签序列（其中包含的列标签的顺序要和关键词的输入顺序一致）、基因名列表（即行标签）和基因个数（必须不小于结果阈值）。

图 5-6　基于列关键词的精确查询（EQ_c）的输入信息界面

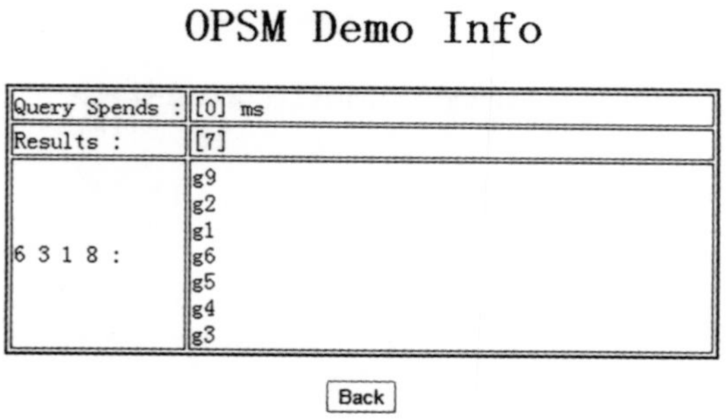

图 5-7　基于列关键词的精确查询（EQ_c）的输出信息界面

（3）基于列关键词的模糊查询（FQ_c）：图 5-8 给出了 FQ_c 查询前输入关键词的界面，其中包括列关键词、列关键词阈值、结果阈值。图 5-9 给出了 FQ_c 查询后的信息输出界面，其中包括运行时间、包括不小于列阈值的列标签排列序列（其中包含的列标签的顺序要和关键词的输入顺序一致）、基因名列表（即行标签）和 OPSM 个数（每个 OPSM 中的基因个数必须不小于结果阈值）。

（4）基于行关键词的精确查询（EQ_g）：图 5-10 给出了 EQ_g 查询前输入关键词的界面，其中包括行关键词、结果阈值。图 5-11 给出了 EQ_g 查询

Welcome to OMEGA Demo

○pIndex   ○UPDATE   ⊙QUERY   ○DELETE   ○END

Search Options:	○ Row	⊙ Column
Query Options:	⊙ Fuzzy	○ Exact
Keywords: (Split with a space)	6 3 1 8	
Keywords Threshold:	2	
Result Threshold:	2	

Reset Submit

图 5-8 基于列关键词的模糊查询（FQ_c）的输入信息界面

OPSM Demo Info

Query Spends :	[0] ms
Results :	[3]
6 3 1 :	g9 g2 g1 g6 g5 g4 g3
6 3 1 8 :	g9 g2 g1 g6 g5 g4 g3
6 3 :	g9 g7 g10 g11 g2 g1 g6 g5 g4 g3

Back

图 5-9 基于列关键词的模糊查询（FQ_c）的输出信息界面

后的信息输出界面，其中包括运行时间、包括关键词在内的行标签序列
（没有顺序要求，只要包含所有行关键词即可）、列标签列表和 OPSM 个数
（每个 OPSM 中的列标签个数必须不小于结果阈值）。

（5）基于行关键词的模糊查询（FQ_g）：图 5-12 给出了 FQ_g 查询前输
入关键词的界面，其中包括行关键词、行关键词阈值、结果阈值。图 5-13
给出了 FQ_g 查询后的信息输出界面，其中包括运行时间、包括不小于行阈
值的行标签组合（没有顺序要求，只要包含所有行关键词即可）、列标签列
表、不小于行阈值的行标签组合的个数（每个 OPSM 中的列标签个数必须
不小于结果阈值）。

107

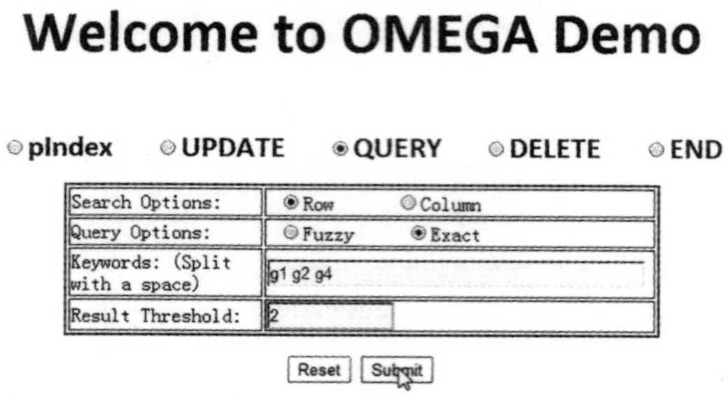

Welcome to OMEGA Demo

◎ pIndex ◎ UPDATE ◉ QUERY ◎ DELETE ◎ END

Search Options:	◉ Row	◎ Column
Query Options:	◎ Fuzzy	◉ Exact
Keywords: (Split with a space)	g1 g2 g4	
Result Threshold:	2	

Reset Submit

图 5-10　基于行关键词的精确查询（EQ_g）的输入信息界面

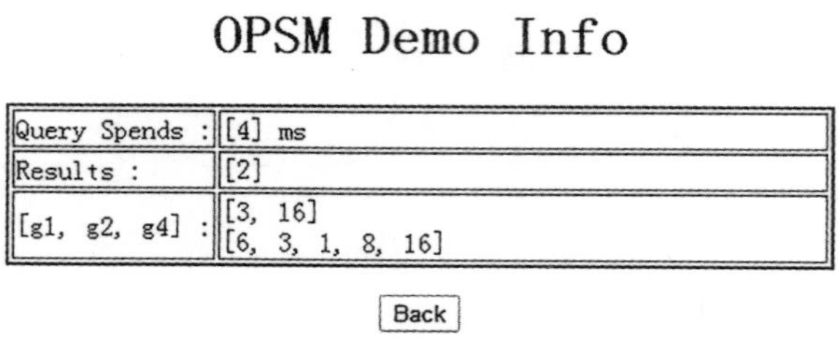

OPSM Demo Info

Query Spends :	[4] ms
Results :	[2]
[g1, g2, g4] :	[3, 16] [6, 3, 1, 8, 16]

Back

图 5-11　基于列关键词的精确查询（EQ_g）的输出信息界面

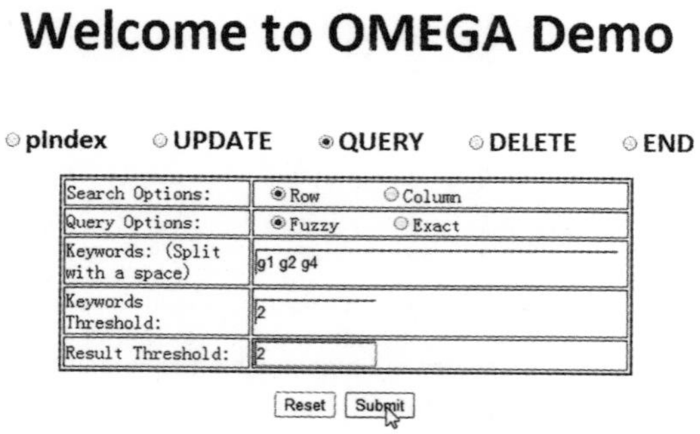

Welcome to OMEGA Demo

◎ pIndex ◎ UPDATE ◉ QUERY ◎ DELETE ◎ END

Search Options:	◉ Row	◎ Column
Query Options:	◉ Fuzzy	◎ Exact
Keywords: (Split with a space)	g1 g2 g4	
Keywords Threshold:	2	
Result Threshold:	2	

Reset Submit

图 5-12　基于行关键词的模糊查询（FQ_g）的输入信息界面

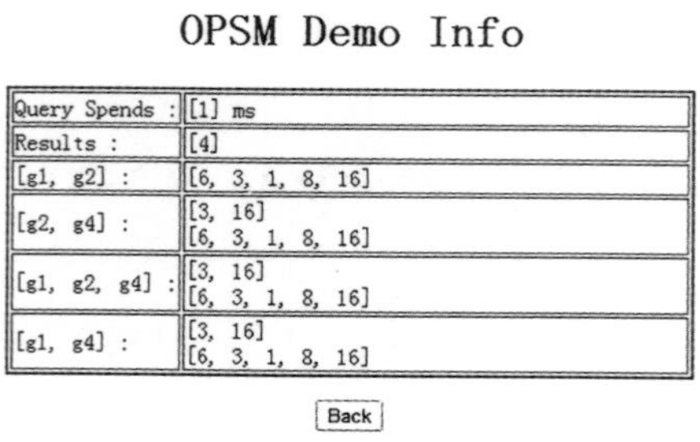

OPSM Demo Info

Query Spends :	[1] ms
Results :	[4]
[g1, g2] :	[6, 3, 1, 8, 16]
[g2, g4] :	[3, 16] [6, 3, 1, 8, 16]
[g1, g2, g4] :	[3, 16] [6, 3, 1, 8, 16]
[g1, g4] :	[3, 16] [6, 3, 1, 8, 16]

Back

图 5-13　基于列关键词的模糊查询（FQ_g）的输出信息界面

（6）pIndex 索引更新：图 5-14 给出了 pIndex 索引更新前选择 OPSM 数据文件的界面，本演示用到的数据如表 5-3 所示。图 5-15 给出了 pIndex 索引更新后的信息输出界面，其中包括运行时间、列总数（即所有 OPSM 数据中的列数之和）、树节点个数和索引大小比值（即列总数与树节点个数的比值）。

Welcome to OMEGA Demo
pIndex
UPDATE
QUERY
DELETE
END
Data Source:
选择文件
未选择任何文件
Reset
Submit

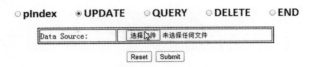

图 5-14　pIndex 索引更新前选择文件界面

表 5-3　演示过程中更新索引所用 OPSM 数据集

行标签	列标签
g_1，g_4，g_5	1，2，3，4
g_1，g_6，g_7	1，4，6，3
g_2，g_6，g_9	1，2，3，5
g_2，g_8，g_{10}	1，5，6，3
g_3，g_5，g_7	1，2，3，7
g_3，g_6，g_8	8，1，6，3
g_{11}，g_{12}，g_{13}	3，2，1，4
g_{14}，g_{15}，g_{16}	2，1，3，4

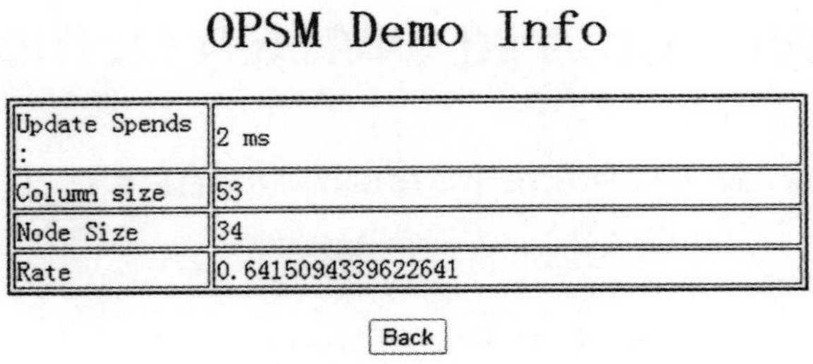

OPSM Demo Info
Update Spends :
2 ms
Column size
53
Node Size
34
Rate
0.6415094339622641
Back

图 5-15　pIndex 索引更新后的输出信息界面

（7）pIndex 索引删除：图 5-16 给出了 pIndex 索引删除前输入关键词信息的界面，其中包括行关键词选项、列关键词选项、行关键词、列关键词。图 5-17 给出了 pIndex 索引删除后的信息输出界面，其中包括运行时间、成功与否的信息。

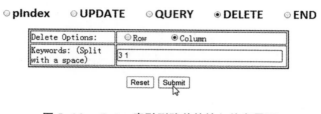

图 5-16 pIndex 索引删除前的输入信息界面

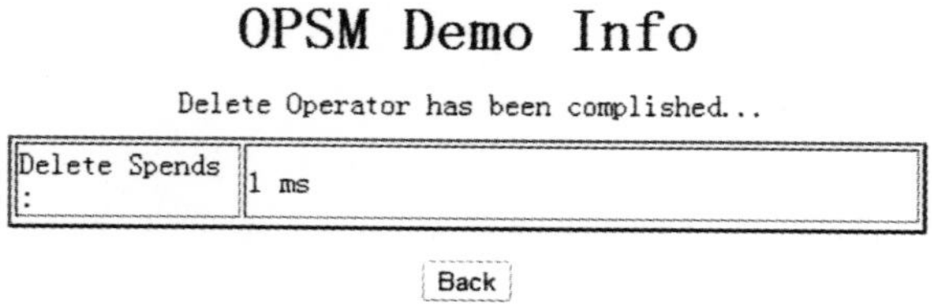

图 5-17 pIndex 索引删除后的输出信息界面

（8）会话结束：图 5-18 给出了结束会话时的选项与操作，选择 "END" 选项并提交即可结束会话。

图 5-18 OMEGA 系统会话结束界面

5.5 小结

为了解决基因表达数据挖掘中不能加入大数据集以及耗时比较多等问题，本章利用第 3 章提出的基于蝶形网络的并行挖掘方法来提高挖掘效率。为使 OPSM 挖掘更有效且支持 OPSM 查询，利用第 4 章提出的 OPSM 索引与查询方法做技术支撑。该原型系统命名为 OMEGA。OMEGA 的离线部分利用基于蝶形网络的大同步模型进行 OPSM 的并行挖掘，在线部分使用带有行列表头的 OPSM 前缀树来进行基于行列关键词的 OPSM 查询。另外，耗时较多的且重要的结果也保存在内存中，供后续查询利用。演示过程也证明了 OMEGA 系统在 OPSM 批量挖掘和相关查询方面具有良好的性能。

6 基因表达数据中 OPSM 的约束查询

6.1 引言

表 6-1 给出一个真实基因表达数据集①，图 6-1 是从上述数据中发现的两个功能团（密集点号和稀疏点号区域）中对应基因表达水平的图形化表示，该区域称为 OPSM。

表 6-1 基因表达矩阵示例

(a)	gal1RG1 (t_0)	gal2RG1 (t_1)	gal2RG3 (t_2)	gal3RG1 (t_3)	gal4RG1 (t_4)	gal5RG1 (t_5)
YDR073W (g_0)	0.155	0.076	0.284	0.097	0.013	0.023
YDR088C (g_1)	0.217	0.084	0.409	0.138	-0.159	0.129
YDR240C (g_2)	0.375	0.115	-0.201	0.254	-0.094	-0.181
YDR473C (g_3)	0.238	0	0.150	0.165	-0.191	0.132
YEL056W (g_4)	-0.073	-0.146	0.442	-0.077	-0.341	0.063
YHR092C (g_5)	0.394	0.909	0.443	0.818	1.070	0.227
YHR094C (g_6)	0.385	0.822	0.426	0.768	1.013	0.226
YHR096C (g_7)	0.329	0.690	0.244	0.550	0.790	0.327
YJL214W (g_8)	0.384	0.730	0.066	0.529	0.852	0.313
YKL060C (g_9)	-0.316	-0.191	0.202	-0.140	0.043	0.076

① 数据集可以从网址 http://genomebiology.com/content/supplementary/gb-2003-4-5-r34-s8.txt 上下载。

续表

(b)	t_0	t_1	t_3	t_4	(c)	t_0	t_1	t_3	t_4
g_0	0.155	0.076	0.097	0.013	g_5	0.394	0.909	0.818	1.070
g_1	0.217	0.084	0.138	−0.159	g_6	0.385	0.822	0.768	1.013
g_2	0.375	0.115	0.254	−0.094	g_7	0.329	0.690	0.550	0.790
g_3	0.238	0	0.165	−0.191	g_8	0.384	0.730	0.529	0.852
	排序后列标签序列: $t_4\ t_1\ t_3\ t_0$					排序后列标签序列: $t_0\ t_3\ t_1\ t_4$			
	此 OPSM 记为 $g_0 g_1 g_2 g_3 : t_4\ t_1\ t_3\ t_0$					此 OPSM 记为 $g_5 g_6 g_7 g_8 : t_0\ t_3\ t_1\ t_4$			

注:"( )"中字符为简称。YDR073W、YDR088C、YDR240C、YDR473C、YEL056W、YHR092C、YHR094C、YHR096C、YJL214W、YKL060C 为基因名称,g_0,…,g_9 为"( )"前基因的代号。同样,gal1RG1、gal2RG1、gal2RG3、gal3RG1、gal4RG1、gal5RG1 为实验条件名称,t_0,…,t_5 为"( )"前实验条件的代号。

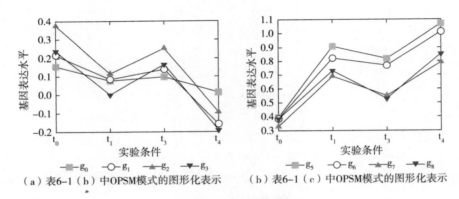

(a) 表6-1(b)中OPSM模式的图形化表示　　(b) 表6-1(c)中OPSM模式的图形化表示

图6-1　兴趣模式举例

随着基因表达数据分析代价的减少,大量的 OPSM 结果积累下来,然而却没有得到充分有效的利用。同时,生物学家也有利用比如一些基因(不)应该在一起工作、一些实验条件(不能)形成一个完整的生理过程等领域知识来搜索特定 OPSM 去创建基因调控网络的意愿。本质上,上述工作是发现合作(must-link)与排他(cannot-link)关系的过程。由生物学家提出的上述需求可以称为 OPSM 查询。通常,查询包括搜索与验证两部分,搜索的结果叫作候选集。又由于该搜索需要发现基因和实验条件,所以搜索的结果就分为基因候选集与实验条件候选集,两者统称为查询候选集。

虽然利用查询方法可以解决累积数据的利用问题,但是给定 OPSM 查询方法,分析者对其得到的结果具有很小的控制力。典型的例子是分析者可以输入参数设置，但是这些操作所带来的结果在概念上往往偏离分析者所需要的理想属性。笔者观察到，基因和/或实验条件间存在某种潜在的关联，分析者可以利用这种关联来提升查询性能。如图 6-1 所示，如果事先知道在某生物过程中基因 g_0 和 g_1 具有同样的功能，那么可以利用两者之间的必须连接约束（must-link）来加速搜索具有相同功能的相关基因，进而为寻找具有特定功能的转录模块提供便利。如果事先知道基因 g_2 和 g_7 一定不同时在某生物过程中，那么就可以加入一些不能连接约束（cannot-link）来消除基因/实验条件间的关联，进而加速搜索。同样，如果对不同实验条件间的间隔数目有要求的话，可以利用间隔约束（interval）来加速搜索。如果能事先约束一下所要查询 OPSM 的基因和实验条件数量（count）的话，同样能够减少查询候选集的数目。综上所述，OPSM 约束查询是利用 must-link（Pensa R G 等，2008b）、cannot-link（Pensa R G 等，2008b）、interval（Pensa R G 等，2008b）和 count 等自定义约束来加速从 OPSM 数据集中检索相关 OPSM 的问题。

约束型协同聚类（Pensa R G 等，2008b）、基于查询的双聚类（Alqadah F 等，2012）和基于关键词的 OPSM 查询（Jiang T 等，2015a）是与本章最相关的研究工作。约束型协同聚类（Pensa R G 等，2008b）利用自定义的约束来指导 OPSM 的批量挖掘，和本章目标不同，其挖掘出来的结果相对较多，且此类方法的初衷也不是为获取少量 OPSM 而设计。基于查询的双聚类方法（Alqadah F 等，2012）是利用种子基因来减少搜索空间并指导聚类过程，其设计目的也是批量挖掘而非挑选少量符合要求的 OPSM。上述两种方法是一次挖掘一次利用，计算代价比较大。基于关键词的 OPSM 查询（Jiang T 等，2015a）只能根据关键词去查找，具体相关性并不好，且不能很好地利用领域知识。上述方法主要是从基因表达数据 [见表 6-1（a）] 中批量挖掘或查询 OPSM，本章则是从批量挖掘或查询积累的大量 OPSM 数据中挑选出符合要求的少量结果。

为了从大量 OPSM 数据中检索少数符合条件的 OPSM，本章首先介绍一种蛮力搜索方法。虽然其节省了创建索引的时间，但是每次的搜索空间都为 $O(n)$，n 为数据量。为了优化蛮力搜索方法，试图从索引的角度来减少每次遍历的空间，提出一种基于枚举序列索引的查询方法。其搜索时间复杂度最好情况下为 $O(1)$，而枚举特征序列时空复杂度分别为 $O(l^3)$ 和 $O(ml)$，l 为特征序列最大长度。其适用于索引时间无要求但查询速度要快的情形。虽然基于枚举序列索引的查询方法在性能上有所提高，但是其索引前的预处理过程较长。为了进一步减少索引时间，提出一种基于多维索引的查询方法。其需要索引的数据量为 $O(\tilde{n})$，$\tilde{n}<n$，且将检索维度从前者的两个维度增加到了多维联合搜索，搜索时间复杂度同样为 $O(1)$。方法中的多个维度正好是本章提出的若干自定义约束因子，如必须连接、不能连接、间隔约束和数量约束等。其适用于索引要快且查询时间又能容忍的情况。

本章的主要工作和创新点如下：

（1）提出基于枚举序列索引的查询方法（6.4 节），其大大提升了 OPSM 的查询性能。

（2）提出多维联合查询方法（6.5 节），其不仅减少了需要索引的数据量而且提升了 OPSM 的查询性能。

（3）真实数据集上做了大量实验，实验证明所提出方法具有很好的查询精确性和良好的可扩展性（6.6 节）。

6.2 问题描述

本节主要介绍相关概念与解决 OPSM 约束型查询所用到的索引和查询框架，表 6-2 给出了本章中用到的相关符号及其说明。

表 6-2 相关符号与说明

符号	描述	符号	描述	符号	描述
G	基因集合	T	实验条件集合	M	*OPSMs*
g	部分基因	t	部分实验条件	M_i	一个 OPSM
g_i	一个基因	t_i	一个实验条件	M^g	M 中的行
$D(G, T)$	源数据集	e_{ij}	D 中的一条记录	M^t	M 中的列
r_i	行聚类	l_i	列聚类	e	一个基因的表达值

如果后文中没有特殊说明，基因与行、实验条件和列将交替使用，其具有同样的含义。

定义 6-1 保序子矩阵（OPSM）：见定义 1-1。

例 6-1 如表 6-1（a）中示例数据所示，给定 10×6 的矩阵，经过挖掘，发现两个符合标准的原始的 OPSM，如表 6-1（b）、表 6-1（c）上部所示，接着根据真实数据递增或者递减排列之后，得到两个排序后的 OPSM，如表 6-1（b）、表 6-1（c）下部所示。

定义 6-2 保序子矩阵的约束查询：见定义 1-2。

定义 6-3 必须连接（must-link）：如果行 g_a 和 g_b（列 t_a 和 t_b）参与必须连接约束的话，表示为 $c_g = (g_a, g_b)$（$c_t = (t_a, t_b)$），那么必须返回处于同一行（列）聚类 $M^g(M^t)$ 的 OPSM。

例 6-2 如表 6-1 中数据所示，如果想要查询基因 g_0、g_1、g_2 和 g_3 所具有的某个功能团，但是由于一时记不起来具体基因名，只记住了部分名字，那么在查询之前，将记住的基因名 g_0 和 g_1（甚至加上基因 g_2）作为必须连接约束（即在同一行聚类 M^g 中）提前输入的话，系统在做查询处理时会多一些行选择依据，减少不相关基因的计算工作，这种情况下对于本行聚类 M^g 而言只需加入 g_2、g_3（在记住更多基因名的情况下，比如前三个，仅需考虑 g_3）。

定义 6-4 不能连接（cannot-link）：如果行 g_a 和 g_b（列 t_a 和 t_b）参与不能连接约束，表示为 $c_g \neq (g_a, g_b)$（$c_t \neq (t_a, t_b)$），那么必须返回不在同一行（列）聚类 $M^g(M^t)$ 的 OPSM。

例 6-3 如表 6-1 中数据所示，如果想要查询基因 g_5 而非 g_0 所具有的某个功能团，那么在查询之前，将记住的基因名 g_5、g_0 作为不能连接约束（即不能在同一行聚类 M^g 中）提前输入的话，系统在做查询处理时只需搜索与 g_5 相似但与 g_0 不相似的基因，这种情况下对于两个互斥的行而言，所要考虑的行候选集就会在一定程度上减少。

定义 6-5 间隔约束（interval）：如果在列集上定义一个偏序（<），此集合上的间隔约束表示为 $c_{int}(t_a, t_b, i)$，i 为一个非负整数，表示 t_a、t_b 在列聚类 M^t 的每一个子集 l_j 中的间隔必须为 i。如果 i 为 0，表示 t_a 和 t_b 紧挨着；如果 i 为正整数，则表示 t_a、t_b 的间距为 i。

例 6-4 如表 6-1 中数据所示，如果想要查询间隔为 1 的实验条件 4 和条件 3 所具有的某个功能团，那么在查询之前，将 $c_{int}(t_4, t_3, 1)$ 作为间隔约束（即实验条件 4 和条件 3 在同一列聚类 M^t 中）提前输入的话，系统在做查询处理过程中只需要搜索具有列关键词 4 和关键词 3 且间隔为 1 的实验条件即可，这样可以在一定程度上减少候选集个数。

定义 6-6　数量约束（count）：如果在行列集上定义一个数量约束 c_{cnt} $(|g|_u, |t|_v)$，$|g|$ 表示行阈值，$|t|$ 表示列阈值，两者下标 u、$v \in \{\neq, =, \leqslant, \geqslant, <, >, \not<, \not>\}$，$|g|_u$ 表示查询的 M_i 的行要 u 于 $|g|$，$|t|_v$ 表示查询的 M_i 的列要 v 于 $|t|$。

例 6-5　文献（Gao B J 等，2006）和（Gao B J 等，2012）提出一种重要 OPSM 的问题，即挖掘行多列少或者行少列多的 OPSM，但是计算比较耗时。该问题也是约束查询所要关注的，那么在查询过程中可通过行列数量约束来缩减查询范围。

通常，序列查询可以利用频繁序列和 Hash 地址等创建的索引结构来执行。本章主要关注基于特征和序列的索引结构与 OPSM 约束查询方法。OPSM 查询分为以下两个主要步骤。

（1）创建索引。这是一个预处理过程：①如果索引结构为特征，那么其包括特征的枚举和选择。OPSM 特征集合表示为 F，对于任何一个特征 $f \in F$，M_f 是包含特征 f 的 OPSM 集合，$M_f = \{f \subseteq M_i, M_i \in D\}$。②如果索引结构是基因名序列或者实验条件序列的话，那么主要是索引树的创建。

（2）查询处理。它包含两个子步骤：①搜索，其通过特征或多种维度以 Hash 或链接的方式遍历索引，并获取相应的聚类 M_i 作为候选集 C_q 中的元素。②验证，检测候选集 C_q 中的每个聚类 M_i 是否真的满足所有约束。

代价分析：（1）在创建索引过程中，主要关注的是索引的创建时间：

$$|F| \times T_{enum}\text{（索引结构需枚举和选择）} \tag{6-1}$$

$$|M| \times T_{build}\text{（索引结构是现成的）} \tag{6-2}$$

其中，$|F|$ 是特征集的大小，T_{enum} 是枚举一个特征需要的平均时间，$|M|$ 是需要索引的 OPSM 的个数，T_{build} 是索引每个 OPSM 所需要的平均时间。显然提高式（6-1）和式（6-2）性能分别依靠减少 $|F|$ 的数目和降低平均索引时间 T_{build}。

（2）在 OPSM 查询处理中，主要关注的是查询响应时间：

$$T_{search} + |C_q| \times T_{cst\_test} \tag{6-3}$$

其中，T_{search} 是搜索部分的耗时，T_{cst_test} 是约束型检测所需要的平均时间。在验证部分，剔除候选集 C_q 中的所有假阳性 M_i 需要 $|C_q| \times T_{cst\_test}$ 时间。通常验证时间占据响应时间式（6-3）的主要部分，主要是因为 $|C_q|$ 的数目比较庞大，另外对于不同的约束查询，T_{cst_test} 的变化并不明显。因此，

减小约束查询响应时间的关键工作就是最小化候选集 C_q 的大小。如果 OPSM 数据集太大而不能存储于内存的话，T_{search} 是将占据查询相应时间的重大部分。

本章同样关注如何减少索引 I 的大小，其基本与特征集合 F 的大小 $|F|$ 成正比：

$$I \propto |F| \tag{6-4}$$

为了减小索引的大小，保持一个压缩的特征集合是很有必要的。否则，如果索引不能完全存储于内存的话，访问特征集合 F 的代价就会远远大于访问 OPSM 数据库的时间。在后文中，将开始讨论如何最小化 $|C_q|$ 和 $|F|$。

6.3　蛮力搜索法

本方法是一种无须建立索引而直接在 OPSM 数据上——比对从而找到最终结果的简单策略。

例 6-6　如表 6-3 中数据所示，如果想要查询包含 g_0 和 g_1 但不包含 g_5，实验条件 4 和条件 3 间隔为 1，行列数都不大于 4 的某个功能团，那么在查询之前，首先将上述个人经验或知识转换成自定义约束 $c_g = (g_0, g_1)$，$c_t = (t_4, t_3)$，$c_g \neq ((g_0, g_1), g_5)$，$c_{int}(t_4, t_3, 1)$，$c_{cnt}(4_\leqslant, 4_\leqslant)$，接着利用相应的方法进行搜索和查询即可。

表 6-3　OPSM 数据集举例

OPSM 代号	基因名	实验条件
M_0	g_0, g_1, g_2, g_3	4, 1, 3, 0
M_1	g_5, g_6, g_7, g_8	0, 3, 1, 4
M_2	g_0, g_1, g_5, g_6	2, 4, 5, 3, 0
M_3	g_3, g_6, g_7, g_8, g_9	3, 1, 0, 5, 2
M_4	g_3, g_4, g_6, g_8	4, 6, 1, 3, 5, 0
M_5	g_1, g_3, g_7, g_8	5, 0, 3, 1, 2

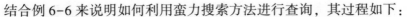

结合例 6-6 来说明如何利用蛮力搜索方法进行查询，其过程如下：

对于 M_0 来说（算法 6-1 第 1 行），先确定基因个数是否不多于 4 且实验条件个数是否不多于 4（检测数量约束，第 2 行），如果同时都满足就进入其他约束的检测（第 3 行）。因为 M_0 满足数量约束，接着得到其基因列表 g_0，g_1，g_2，g_3，检测其中是否含有 g_0 和 g_1（必须连接）但不包含 g_5（不能连接）。通过检测，以上条件都符合，那么进行实验条件的检测。先得到 M_0 的实验条件列表 4，1，3，0，检测其中是否包含实验条件 4 和条件 3（必须连接），在检测的同时，检查两者间隔是否为 1（间隔约束）。同样，检测结果为真。通过检测，以上条件都符合，那么将 M_0 放入查询结果集合中（第 4 行）。接下来，检测其他 M_i（$0<i<6$，i 为整数），过程同上。最后只有 M_0 符合查询约束。

算法 6-1 基于蛮力搜索的 OPSM 约束查询（BF）。

输入: OPSM 数据集 M, 各种约束条件 $c_=$, $c_{\neq}$, c_{int}, c_{cnt}

输出 : OPSM *ID* 列表 R

1. **for** $i \leftarrow 0$ to $|M|-1$ **do**
2. **if** $(|M_i.g|, |M_i.t|) \subseteq c_{cnt}(|q.g|_u, |q.t|_v)$ **do**
3.   **if** M_i 符合约束条件 $c_=$, $c_{\neq}$, and c_{int} do
4.   将该 OPSM *ID* 号 i 加入列表 R;

代价分析：根据代价模型（6-2），知道 BF 算法的搜索代价为 $O(n)$，因为其遍历了整个数据集。另外，检验部分耗时为 $O(|M| \times (|g|^2 + |t|^2))$，因为其候选集是没有做过剪枝的所有 OPSM 的集合。同时，此算法响应时间为 $O(|M| \times (|g|^2 + |t|^2))$，因为无索引，每次查询请求都要重新做一遍。所以，减少候选集搜索空间和候选集个数是提高查询性能的关键。

6.4 基于枚举序列索引的查询

借鉴蛮力搜索法 BF 的优缺点，提出一种基于不大于 $maxL$ 的枚举序列的索引法。该方法包括枚举序列和创建索引两部分，重点在于枚举序列，因为序列的个数随着元素数目的增加成指数级增长，见引理 6-1。为了减少枚举序列的数目，且保证搜索的高效性，将 $maxL$ 的长度设为 4，因为一般输入的元素个数都不会超过 4。即使超过 4，也有解决方法。方法是利用不大于 4 的序列所搜索的候选集的交集。引理 6-2、引理 6-3、引理 6-4 证明了将 $maxL$ 的长度设为 4 可以大大减少索引的数据量。

引理 6-1　如果长度为 m 的序列需要枚举所有长度的子序列，那么其所需要枚举的子序列的个数至少为 2^m。

证明：对于每一序列，其长度不大于 m 的序列片段的个数为：

$$A_m^1 + A_m^2 + \cdots + A_m^l = C_m^1 1! + C_m^2 2! + \cdots + C_m^m m! > C_m^1 + C_m^2 + \cdots + C_m^m$$
$$= 2^m - 1。$$

引理 6-2　如果长度为 m 的序列需要枚举长度不大于 l（$l<m$）的子序列，那么其空间复杂度为 $O(m^l)$。

证明：对于每一条序列，其长度不大于 l 的序列片段的个数为 $A_m^1 + A_m^2 + \cdots + A_m^l = \sum_{i=1}^{l} A_m^i$，那么空间复杂度为 $O\left(\sum_{i=1}^{l} A_m^i\right) = O(lm^l) = O(m^l)$。

引理 6-3　给定 n 个平均长度为 m 的实验条件序列，其中长度不大于 l（$l<m$）的序列个数的上界为 $n \times \sum_{i=1}^{l} A_m^i$，下界为 $\sum_{i=1}^{l} A_m^i$。

证明：对于每一条序列，其长度不大于 l 的序列片段的个数为 $A_m^1 + A_m^2 + \cdots + A_m^l = \sum_{i=1}^{l} A_m^i$。因为序列中元素是有先后顺序的，所以用排列。当 n 条序列都相同时，得到 n 条序列所具有的长度不大于 l 的序列片段个数的下界 $\sum_{i=1}^{l} A_m^i$；当 n 条序列都不同时，得到 n 条序列所具有的长度不大于 l 的序列片段个数的上界 $n \times \sum_{i=1}^{l} A_m^i$。

例 6-7　如果有 10000 个平均长度为 10 的实验条件序列，根据引理 6-3，其中长度不大于 4 的序列个数的上界约为 5.86×10^7，下界为 5.86×10^3。

引理 6-4　给定 n 个平均个数为 m 的基因集合，其中元素不大于 l（$l<m$）的集合个数的上界为 $n \times \sum_{i=1}^{l} C_m^i$，下界为 $\sum_{i=1}^{l} C_m^i$。

证明：对于每个基因集合，其元素个数不多于 l 的集合个数为 $C_m^1 + C_m^2 + \cdots + C_m^l = \sum_{i=1}^{l} C_m^i$。因为元素没有先后顺序之分是集合的特性，所以用组合。当 n 个基因都相同时，得到 n 个集合所具有的元素个数不多于 l 的集

合个数的下界 $\sum_{i=1}^{l} C_m^i$ ；当 n 个基因都不同时，得到 n 个集合所具有的元素

个数不多于 l 的集合个数的上界 $n \times \sum_{i=1}^{l} C_m^i$ 。

例 6-8 如果有 10000 个平均个数为 10 的基因集合，根据引理 6-4，其中个数不大于 4 的集合个数的上界约为 3.45×10^6，下界为 3.45×10^2。

算法 6-2 基于枚举序列的索引（esIndex）。

输入：OPSM 数据集 M

输出：基于枚举序列的索引 *esIndex*

1. **for** $i \leftarrow 0$ to $|M|-1$ do
2.   **for** $j \leftarrow 1$ to l do
3.   枚举 M_i 中长度为 j 的实验条件序列，并加入列表 *tList*;
4.   枚举 M_i 中大小为 j 的基因名集合，并加入列表 *gList*;
5.   **for** $h \leftarrow 0$ to $|tList|-1$ do
6.   **if** (*esIndex* 中不含 *tList* 的第 h 个元素) **do** *esIndex*.put(*tList*.get(*h*),*i*);
7.   **else** *esIndex*.add(*tList*.get(*h*),*i*);// put 为覆盖、add 为末尾加入
8.   **for** $k \leftarrow 0$ to $|gList|-1$ do
9.   **if** (*esIndex* 中不含 *gList* 的第 k 个元素) **do** esIndex.put(*gList*.get(*k*),*i*);
10.   **else** *esIndex*.add(*gList*.get(*k*),*i*);
11. **return** *esIndex*;

esIndex 方法需要扫描一次 OPSM 数据集。首先，枚举长度不大于 l 的子序列，并将其作为特征集合（算法 6-2 第 1~4 行）。实验条件部分的枚举方法是通过现有序列按照列标签在本 M_i 中的排序来枚举，并且枚举的子序列中的标签先后顺序并不改变，比如表 6-3 中 M_0 的实验条件"4 1 3 0"的枚举，长度为 1 的子序列为[4]，[1]，[3]，[0]，（"[ ]"中的字符指代一个子序列，下同）；长度为 2 的子序列为[4，1]，[4，3]，[4，0]，[1，3]，[1，0]，[3，0]；长度为 3 的子序列为[4，1，3]，[4，1，0]，[1，3，0]；长度为 4 的子序列为[4,1,3,0]。因为只需枚举长度不大于 4 的子序列，所以计算到此就停止了。紧接着，将当前 M 的代号和刚才枚举过程中枚举出来的子序列对应起来，生成子序列为关键词 M 代码为值的倒排索引（第 1 行、第 6~10 行）。

算法 6-3 基于枚举序列索引 esIndex 的 OPSM 约束查询（ES）。

输入：枚举序列索引 *esIndex*, 各种约束条件 $c_=, c_{\neq}, c_{int}, c_{cnt}$;

输出：OPSM *ID* 列表 *R*

1. **if** *esIndex*.get($c_{g=}$) $\neq$ *null* $\wedge$ *esIndex*.get($c_{t=}$) $\neq$ *null* **do** // 满足约束 $c_{g=}$和$c_{t=}$

2. *mList* $\leftarrow$ *esIndex*.get($c_{g=}$) $\cap$ *esIndex*.get($c_{t=}$);// 结果求交

3. **for** $i \leftarrow 0$ to $|mList|-1$ **do** // 对于每一个 *OPSM*

4.   **if** $(|M_i.g|, |M_i.t|) \subseteq c_{cnt}(|q.g|_u, |q.t|_v)$ **do** // 满足约束 c_{cnt}

5.   **if** M_i 满足约束 $c_{\neq}$,and c_{int} **do** // 满足约束 $c_{\neq}$和c_{int}

6.   将该 OPSM *ID* 号 i 加入列表 R;

例 6-9 利用 esIndex 索引结构和 ES 查询方法来对例 6-6 进行约束查询。

对于例 6-9 中的查询，先通过 esIndex 发现包含 g_0、g_1 的 M 代号 M_0 和 M_1，接着发现包含 t_4、t_3 的 M 代号 M_0、M_2 和 M_4，然后对两个集合作交，得到 M_0，最后检验其是否满足剩下的约束，验证结果是满足，所以查询结果是 M_0。

代价分析： 由 esIndex 算法可知，尽管其没有枚举所有长度的特征序列，但是仍然需要索引较多的特征序列，因为其枚举了长度不大于 1 的所有子序列，将指数级的候选集降到多项式级别的。利用 ES 算法进行查询时，其通过 Hash 直接定位子序列与相应 OPSM 代号，时间复杂度为 O（1）。如果通过查询者给出的必须约束条件得到较多的 OPSM 的话，那么对其他约束的验证过程肯定需要额外的代价，但是从后文的实验中发现此代价并不明显。同时，观察到其只能对多个维度中的一个维度进行快速定位，笔者在第 5.6 节试图同时定位多个维度。经过对 esIndex 和 ES 算法的分析，知道对子序列的枚举和索引付出了很大代价，如何减少特征集个数是提高本方法的关键。笔者在第 5.6 节中试图用更少的特征实现对多个维度的同时定位。

BF 方法和基于 esIndex 的 ES 方法优缺点的比对如表 6-4 所示。从表 6-4 中可以看出，BF 方法的优点是上下界之间很紧密，不需要任何索引，所需的空间为源数据量；其缺点是每次查询时都需要扫描一次数据集，适用于一次创建一次利用的场景。基于 esIndex 的 ES 方法的优点是搜索时能够快速定位，而且做到一次创建多次利用；其缺点是特征数目上下界不紧密且数量庞大。在下一节，会借鉴这些优点和缺点，提出一种特征数目和时间空间复杂度都比较小的一次创建多次利用的新方法。

表 6–4　BF 和 esIndex+ES 方法优缺点分析

方法	特征序列的上界	特征序列的下界	时间复杂度	空间复杂度	重复利用次数
BF	$\lvert M \rvert$	$\lvert M \rvert$	$O(\lvert M \rvert \times (\lvert g \rvert^2 + \lvert t \rvert^2))$	$O(\lvert M \rvert)$	一次创建一次利用
esIndex+ES	$n \times \sum_{i=1}^{l} A_m^i$	$\sum_{i=1}^{l} A_m^i$	$O(\lvert mList \rvert \times (\lvert g \rvert^2 + \lvert t \rvert^2))$	$O(\lvert M \rvert + \lvert F \rvert)$	一次创建多次利用

6.5　多维联合查询方法

为了使特征数目比较小且能利用多个维度来实现多个约束的同时快速定位，提出了一种由基因树 gTree 和实验条件树 tTree 组成的索引 cIndex，同时描述了相关的查询方法与增强结果相关性的技术。

6.5.1　联合索引 cIndex

基因树 gTree 以基因名序列所组成的前缀树构成，其可以在一定程度上减少总数据的大小。为了减少 ES 方法的特征集元素数目同时又不影响查询的响应速度，通过基因名称这一维度来检测必须约束，利用 OPSM 代号这一维度来快速定位具体分支，借助 OPSM 中基因集合元素数目的多少这一维度来检测基因数目约束。利用表 6-3 数据创建的 gTree 如图 6-2（a）所示。原本基因集合中元素是没有先后之分的，为了方便搜索和剪枝，加入了偏序。

定义 6-7　基因顺序：如果在基因（行）集合上按照基因名称的字典序定义一个偏序（<）的话，那么称此基因集合是有顺序的。

例 6-10　如表 6-1（b）中所示保序子矩阵 M_0，如果读到的其含有的四个基因的先后顺序是 YDR088C、YDR073W、YDR473C 和 YDR240C，那么按照字典序排列之后基因顺序为 YDR073W、YDR088C、YDR240C 和 YDR473C。

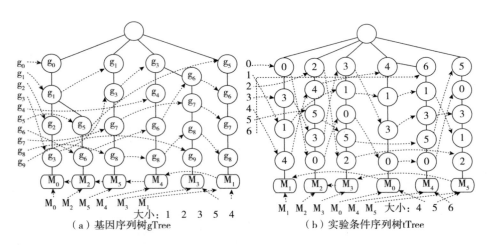

图 6-2　基因树 gTree 和实验条件树 tTree

与基因树 gTree 类似，实验条件树 tTree 以实验条件序列所组成的前缀树构成，其可以在一定程度上减少总数据的大小。为了减少 ES 方法的特征集元素数目同时又不影响查询的响应速度，通过实验条件这一维度来检测必须约束，利用 M 代号这一维度来快速定位具体分支，借助 OPSM 中实验条件序列长度这一维度来检测实验条件数目约束。利用表 6-3 数据创建的 tTree 如图 6-2（b）所示。

引理 6-5　创建 cIndex 的时间复杂度为 $O(|M| \times (|g| + |t|))$，创建 esIndex 的时间复杂度为 $O(|M| \times (l^3 + |gList| + |tList|))$。

证明： 以 $|g|$ 表示每个 OPSM 中所含有的基因的平均个数，$|t|$ 表示 OPSM 中所含有的实验条件序列的平均长度，由于只需要扫描一遍数据集就可创建 cIndex，所以 cIndex 的时间复杂度为 $O(|M| \times (|g| + |t|))$；以 $|M|$ 表示 OPSM 的个数，l 表示所需要枚举的序列的最大长度或者元素个数的最大值，$|gList|$ 表示从平均基因元素个数为 $|g|$ 的 OPSM 中所枚举出来的元素个数不大于 l 的特征的个数，$|tList|$ 表示从平均实验条件序列长度为 $|t|$ 的 OPSM 中所枚举出来的序列长度不大于 l 的特征的个数。因为 esIndex 的创建需要序列枚举和索引两部分，所以 esIndex 的时间复杂度为 $O(|M| \times (l^3 + |gList| + |tList|))$。

显然 $|gList| \gg |g|$，$|tList| \gg |t|$，从而 $|M| \times (l^3 + |gList| + |tList|) \gg |M| \times (|g| + |t|)$。所以，cIndex 的创建时间小于 esIndex。

算法 6-4 约束条件联合索引的创建方法（cIndex）。

输入：OPSM 数据集 *M*; 输出：*cIndex*

1. *gTreeRoot←null;tTreeRoot←null;*

2. **for** *i←*0 to |*M*|−1 **do** // 对于每一个 OPSM

3. *g←Mᵢ.g;t←Mᵢ.t;gNode←gTreeRoot;tNode←tTreeRoot;*

4. **for** *it* in *g* **do** // 创建基因维度

5. *gFlag←false;*// 基因序列标识符

6. **if** *gNode* 没有孩子 *it* **do** 将 *it* 加入 *gNode* 的子节点; *gFlag←true;*

7. *gNode←gNode* 获取子节点 *it*;

8. **if** *gDimension* 中不存在 *it* **do** *gDimension.*put(*it,gNode*);*gFlag←true;*

9. **else**

10.   *node←gDimension* 获取 *it* 单元中的所有节点;

11.   **while** *null≠node.*getLink() **do** *node←node.*getLink();// 指向后一个

12.   **if** *gFlag* **do** *node.*setLink(*gNode*);// 被前一个与自身相同的节点指向

13. *gNode.*setFinal(*true*);*gNode.*setName(*i*);// 将 OPSM *ID* 放入末节点

14. // 创建基因数目维度、OPSM *ID* 维度

15. **if** *gCntDimension* 中不存在 |*g*| **do** *gCntDimension.*put(|*g*|,*gNode*);

16. **else** *gCntDimension.*add(|*g*|,*gNode*);

17. **if** *gMDimension* 不存在 *Mᵢ* 代号 **do** *gMDimension.*put(*Mᵢ,gNode*);

18. **else** *gMDimension.*add(*Mᵢ,gNode*);

19. **for** *it* in *t* **do** // 创建实验条件维度

20. *tFlag←false;*// 实验条件序列标识符

20. **if** *tNode* 没有孩子 *it* **do** *tNode.*addChild(*it*);*tFlag←true;*

21. *tNode←tNode* 获取子节点 *it*;

22. **if** *tDimension* 中不存在 *it* **do** *tDimension.*put(*it,tNode*);*tFlag←true;*

23. **else**

24.   *node←tDimension* 获取 *it* 单元中的所有节点;

25.   **while** *null≠node.*getLink() **do** *node←node.*getLink();// 指向后一个

26.   **if** *tFlag* **do** *node.*setLink(*tNode*);// 被前一个与自身相同的节点指向

27. *tNode.*setFinal(*true*);*tNode.*setName(*i*);// 将 OPSM *ID* 放入末节点

28. // 创建实验条件数目维度、OPSM *ID* 维度

29. **if** *tCntDimension* 中不存在 |*t*| **do** *tCntDimension.*put(|*g*|,*tNode*);

30. **else** *tCntDimension.*add(|*t*|,*tNode*);

31. **if** *tMDimension* 中不存在 *Mᵢ* **do** *tMDimension.*put(*Mᵢ,tNode*);

32. **else** *tMDimension.*add(*Mᵢ,tNode*);

33. **return** *cIndex←<gTreeRoot,tTreeRoot>*;

　　cIndex 方法的输入为 OPSM 数据集，输出为创建好的索引 cIndex。具体索引创建方法如下：首先初始化好基因树 gTree 和实验条件树 tTree（算法 6-4 第 1 行）。其次处理每一个 M_i（第 2 行），将其分为基因集合 g 和实验条件序列 t 两部分（第 3 行）。对于 g，将其中的每个 g_i 作为前缀树中的一个节点，而 g 作为前缀树中的一个分支，在创建分支的过程中，附带创建一个基因列表，其存放新出现的每个元素，并将其地址存在其中，对于再次出现的元素，其地址会被上个与自身相同的元素指向（第 4~12 行），到达 g 中的最后一个元素之后，会将 M_i 存入该叶子节点中（第 13 行）。再次创建 gTree 的基因数目维度，即将每个 M_i 的基因个数存入一个列表中，如果列表中没有这个数字，就新建一个键值对<数字，叶子节点地址>，否则，在具有相同键的键值对的叶子节点地址中加入新的叶子节点的地址（第 15~16 行）。最后创建 gTree 的 M 代号维度，和基因数目维度原理相同，只需要将基因数目维度列表的键值对中的键的值改为 M 代号即可（第 17~18 行）。接下来处理 t 序列的前缀树的创建，过程原理与对 g 部分的处理相同，同时附带创建三个维度列表（第 19~32 行）。

6.5.2　多维查询方法

　　多维查询方法旨在将四种自定义约束中的三种变成基因元素前缀树的三个维度，以及实验条件序列前缀树的三个维度来加快搜索与定位。其具体查询方法如下：

　　多维查询方法的输入为联合索引 cIndex 和四种约束 $c_=$、$c_{\neq}$、c_{int}、c_{cnt}，输出为 OPSM 代号列表。查询时，首先获取到基因必须连接中的按照字典序排列之后的最后一个元素（算法 6-5 第 1 行），再将此元素输入到基因维度列表中作为键，去查找含有这个基因的节点的链表（第 2 行）。对于链表中的每一个节点所在分支（第 3 行），自底向上遍历该分支，检测 $c_{g=}$ 和 $c_{g\neq}$ 约束。如果上半分支满足条件的话，检测下半分支是否满足 $c_{g\neq}$ 约束。如果同样满足的话，就将叶子节点中存放的 M_i 的代号加入候选集 R_g 中（第 4~5 行）。其次通过每个 M_i 中的基因数目维度来检测此 M_i 是否满足基因数据约束 c_{g-cnt}，如果满足条件，就将该 M_i 加入候选集 R_{mg} 中（第 6 行）。再次进行实验条件树中三个维度的定位与检测，其过程原理和第 1~6 行的过程相同，不同的是多了一个间隔约束 c_{int} 的检测（第 7~12 行）。最后将所有维度所找到的候选集之间作交，从而找到最终查询结果（第 13 行）。

算法 6-5 基于索引 cIndex 的 OPSM 多维约束查询（CQ）。

输入：多维索引 $cIndex$, 各种约束条件 $c_=,c_{\neq},c_{int},c_{cnt}$

输出：OPSM ID 列表 R

1. $gLast\leftarrow$ 基因必须连接约束 $c_{g=}$ 中的按照字典序排列之后的最后一个元素；

2. $gNodeList\leftarrow geneDimension$ 的 $gLast$ 单元中的所有节点；

3. **for** $node$ in $gNodeList$ **do**

4. **if** 上半分支符合 $c_{g=}$ and $c_{g\neq}$ ∧ 下半分支符合 $c_{g\neq}$ **do**

5.   将该 OPSM ID 号 M_i 加入列表 R_g；

6. $R_{mg}\leftarrow geneSizeDimension.get(c_{g-cnt});$// 获取符合约束 c_{g-cnt} 的 OPSM ID 号

7. $cLast\leftarrow$ 实验条件必须连接约束 $c_{t=}$ 中按照枚举顺序的最后一个元素；

8 $cNodeList\leftarrow colDimension.$ 的 $cLast$ 单元中的所有节点；

9. **for** $node$ in $cNodeList$ **do**

10. **if** 上半分支符合 $c_{t=},c_{t\neq},c_{int}$ ∧ 下半分支符合 $c_{t\neq}$ **do**

11. 将该 OPSM ID 号 M_i 加入列表 R_t；

12. $R_{mt}\leftarrow colSizeDimension.get(c_{t-cnt});$// 获取符合约束 c_{g-cnt} 的 OPSM ID 号

13. **return** $R\leftarrow R_g\cap R_{mg}\cap R_t\cap R_{mt};$// 各个维度的结果求交

规则 6-1 基于关键词顺序的剪枝：在遍历 gTree 的过程中，首先对输入的行关键词按照字典序排序，然后和相应分支中的元素比对，如果关键词大于分支中的某个元素，那么此分支中剩下的元素就不必遍历。同样，在遍历 tTree 的过程中，按照输入的列关键词顺序和相应分支中的元素比对，如果此分支中的元素顺序和关键词顺序不一致，那么此分支中剩下的元素就不必遍历。

引理 6-6 分别用 C_{CQ} 和 C_{ES} 表示 CQ 和 ES 方法在快速定位后候选集中元素的个数，则有 $C_{CQ}\leqslant C_{ES}$。

证明：ES 方法首先只能利用必须约束这一个维度来减少候选集个数，而 CQ 方法可以利用必须约束、间隔约束和数量约束三个维度来联合减少候选集数目。我们都知道，当约束越多时，候选集元素个数就越少，所以 $C_{CQ}\leqslant C_{ES}$。

搜索方法给出相关结果之后，还不能保证结果相关性较高的排在前面。为此，给出了对结果排名用到的标准与定义。

定义 6-8 排名：对于符合所有约束的结果，按照每个 M_i 中行列数目和数目约束的接近程度来定义其排名，即越接近数目约束的排名越靠前。

其计算方法如式（6-5）所示：

$$R_{M_i} = \| M_i^r \| - | C_{cnt}^r \|^2 + \| M_i^t \| - | C_{cnt}^t \|^2 \qquad (6-5)$$

例 6-11　利用表 6-3 中的数据和例 6-6 中的查询结果为 M_0。如果还有另一个结果 $M_6(g_8 \, g_9 : 4\,0\,3)$，那么根据定义 6-7 有 M_0 排在 M_6 前。因为 $R_{M_0} = |4-4|^2 + |4-4|^2 = 0$, $R_{M_6} = |2-4|^2 + |3-4|^2 = 5$, $R_{M_0} < R_{M_6}$ 则 M_0 排名高。

6.6　实验评估

本节主要评估蛮力搜索法（BF）、基于关键词的查询方法（KQ）（Jiang T 等，2015a）、基于枚举序列索引的查询方法（ES）和多维联合查询方法（CQ）的有效性与可扩展性。KQ 是 Jiang 等（2015a）所提出方法的简称，其包括索引 pIndex、基于行列关键词的精确查询。这里仅与 BF、KQ 方法做比较，因为只有这两种方法具有较大的可比较性。在实验时，使用真实与生成数据。因为真实数据是真实需求的来源，所以大多数测试是在真实数据上完成的。实验用到机器的软硬环境为 1.87GHz 频率的 CPU、16 GB 的内存、Ubuntu 12.04 系统（实际上是浪潮服务器，分布式并行情况下，可利用的最大节点数为 9）。本章用 Java 语言来实现以上方法，并使用 Eclipse 4.3 来编译运行程序。

数据生成方法：首先从 BroadInstitute 网站[①]上下载如表 6-5 所示的 6 个数据集，其次利用快速排序法对每一行的表达值排序，再次将每一个表达值替换成对应的列标签（Jiang T 等，2013），使其变成序列数据，最后利用文献（Jiang T 等，2015a）所提出的列模糊查询方法（关键词为相应数据集中所有的列标签，列和行阈值都设为 2）生成表 6-6 中所描述的 6 个数据集。

---

① Cancer Program Data Sets（Broad Institute. Datasets. rar and 5q_gct_file. gct），http：//www. broadinstitute. org/cgi-bin/cancer/datasets. cgi.

表 6-5 实验中用到的基因表达数据集

文件名	行数	OPSM	文件名	行数	OPSM
adenoma	12488	D_1	a549	22283	D_2
5q_GCT_file	22278	D_3	Krasla	12422	D_4
bostonlungstatus	12625	D_5	bostonlungsubclasses	12625	D_6

表 6-6 实验中用到的 OPSM 数据集

数据集	行数	特征数	数据集	行数	特征数
D_1	849	673657	D_2	6327	2043972
D_3	4028	1571613	D_4	3034	879653
D_5	2491	437080	D_6	2019	244652

6.6.1 单机性能

第一，我们测试所提出方法在如表 6-5 所示的 6 个数据集上的索引性能。CQ 方法的索引大小如图 6-3（a）所示。当实验条件/基因个数为 6 时，随着数据量的增长，索引占原始数据的比重大小由 8% 下降到 2%。当实验条件/基因个数为 11 时，随着数据量的增长，索引占原始数据的比重大小由 73% 下降到 60%。当实验条件/基因个数较大时，比如 24、50、94、202，随着数据量的增长，索引占原始数据的比重大小分别由 90% 下降到 87%、由 97% 下降到 95%、由 99% 下降到 98%、由 99.5% 下降到 99.2%。因为实验条件/基因个数通常不会超过 11，所以索引占原始数据的比重会比较小。图 6-3（b）给出了 BF、KQ、ES 与 CQ 四种方法的 IO 时间或索引创建时间。BF 的 IO 在 0.2 秒左右，虽然不大，但是由于其没有索引致使在每次执行查询时这个耗时都是必须的。KQ 在 6 个数据集下消耗的时间都是最多的。随着数据集中列数的增长，索引的创建时间由 1 秒增长到 2395 秒。为了表示得更清晰，将超出一定阈值的运行时间写在每列的旁边。ES 创建索引耗时为 2~48 秒，同时其特征的枚举耗时也在 26 秒到 35 秒之间，如图 6-4（a）所示。CQ 索引的创建时间在 BF 扫描数据和 ES 创建索引两个耗时之间（0.6 秒到 3 秒），且接近于 BF 读入数据的耗时。本实验验证了

CQ 方法可以大大降低创建索引所消耗的时间，且非常接近于扫描一遍数据所用的时间。

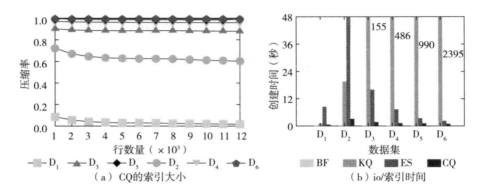

（a）CQ的索引大小　　　　　　　（b）io/索引时间

图 6-3　所提出方法在单机上的索引性能

第二，我们评估所提出方法在如表 6-6 所示的 6 个数据集上的查询性能。图 6-4（a）给出了 ES 方法枚举特征所消耗的时间，随着数据集中列数（维度）的增长，由 26 秒增长到 35 秒。所提出方法在 6 种数据集上进行同一种查询（3 个 must-link、3 个 cannot-link、2 个 interval 和 2 个 count 约束）所消耗的时间如图 6-4（b）所示。BF 的查询时间在 158 毫秒到 206 毫秒之间，ES 的查询时间基本是 2 毫秒，CQ 的查询时间在 1 毫秒到 10 毫秒之间，比较接近于 ES 的查询性能。

第三，我们进行 must-link 查询的性能评估，其性能如图 6-4（c）和图 6-4（d）所示。当行的 must-link 关键词数目由 2 增加到 6 的过程中，BF 的查询时间由 292 毫秒增加到 308 毫秒，KQ 的查询时间由 11 毫秒增加到 22 毫秒，ES 的查询时间由 2 毫秒增加到 5 毫秒，CQ 的查询时间在 5 毫秒到 6 毫秒之间徘徊，可见 CQ 方法基本上不受行 must-link 关键词个数的影响。同样，当列的 must-link 关键词数目由 2 增加到 6 的过程中，BF 的查询时间由 302 毫秒增加到 309 毫秒，与其他方法不同，KQ 的查询时间由 1919 毫秒减少到 95 毫秒，ES 的查询时间由 2 毫秒增加到 4 毫秒，CQ 的查询时间在 15 毫秒到 16 毫秒之间徘徊。同样证明 CQ 方法基本上不受列 must-link 关键词个数的影响。

第四，我们进行 cannot-link 查询的性能评估，其性能如图 6-4（e）和图 6-4（f）所示。当行的 cannot-link 关键词数目由 1 增加到 5 的过程中，

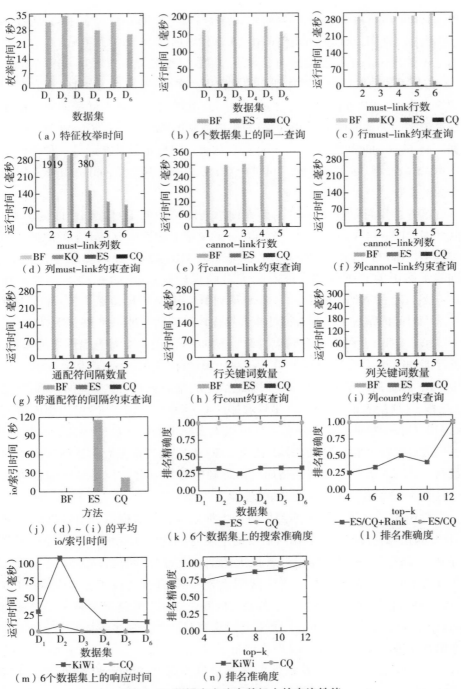

（a）特征枚举时间

（b）6个数据集上的同一查询

（c）行must-link约束查询

（d）列must-link约束查询

（e）行cannot-link约束查询

（f）列cannot-link约束查询

（g）带通配符的间隔约束查询

（h）行count约束查询

（i）列count约束查询

（j）（d）~（i）的平均io/索引时间

（k）6个数据集上的搜索准确度

（l）排名准确度

（m）6个数据集上的响应时间

（n）排名准确度

图 6-4 所提出方法在单机上的查询性能

BF 的查询时间由 294 毫秒增加到 346 毫秒，ES 的查询时间在 1 毫秒到 3 毫秒之间徘徊，CQ 的查询时间由 15 毫秒增加到 16 毫秒，可见 CQ 方法基本上不受行 cannot-link 关键词个数的影响，且性能接近于 ES。当列的 cannot-link 关键词数目由 1 增加到 5 的过程中，BF 的查询时间由 312 毫秒减少到 311 毫秒，BF 查询性能随着 cannot-link 关键词的增加不增反而减少的原因是较多的关键词增加了 BF 剪枝的概率，其能较早地减掉不应该遍历的数据；ES 的查询时间维持在 2 毫秒，CQ 的查询时间也只是在最后一种情况下才由 15 毫秒增加到 16 毫秒。同样 CQ 方法基本上不受列 cannot-link 关键词个数的影响，且性能接近于 ES。

第五，我们评估 interval 约束查询中通配符的使用对查询性能的影响，其性能如图 6-4（g）所示。当 interval 约束中通配符的数目由 1 增加到 5 的过程中，BF 的查询时间由 304 毫秒增加到 310 毫秒，原因是通配符越多，则需要遍历的数据较多，进而响应时间也较长；ES 的查询时间维持在 1 毫秒；CQ 的查询时间 12 毫秒增加到 16 毫秒。同样验证了 CQ 在大大减少索引时间的情况下，其查询性能依然比较接近性能最好的 ES 方法。

第六，我们评估 count 约束查询中行列 count 的多少对查询性能的影响，其性能如图 6-4（h）和图 6-4（i）所示。当行 count 由 1 增加到 5 的过程中，BF 的查询时间由 295 毫秒增加到 307 毫秒，ES 的查询时间维持在 2 毫秒，CQ 的查询时间由 10 毫秒增加到 17 毫秒。证明了 ES 所索引的特征在查询过程中扮演着重要角色，其可以大大减少需要验证的候选集的数目，不足之处是特征的枚举和索引太耗时；CQ 方法通过多维索引遍历所需要的数据，其利用多个指针相互指向，所以耗时较多一些，但是其查询性能已经是 BF 的 20 倍且比较接近 ES 的性能。

图 6-4（j）展示了上述四种约束查询之前扫描数据或者对数据进行索引的耗时。BF 扫描一遍数据所需要的平均时间约为 0.6 秒，但是每次查询都要扫描数据，假如数据量非常庞大的话，此部分耗时会急剧增长，所以此方法不可取；ES 方法在特征数据上建立索引所消耗的平均时间约为 115.6 秒，这些只是对最大长度为 4 的特征进行索引所耗费的时间，如果全部长度的特征都要索引的话，所需耗时会更长，此方法也不太可行；CQ 对原始数据进行索引所消耗的平均时间约为 22.3 秒，只是 ES 索引耗时的 1/5，但其已经索引了原始数据的全部信息，而且在其上的查询性能也是毫秒级的，也能为用户所接受，所以说此方法是三种方法中最优的。

第七，我们评估所提出方法的准确性。图 6-4（k）展示了 ES 和 CQ 两种方法在六种不同数据集上执行同一查询所返回候选集的准确度。ES 方法在六种数据集上的平均准确度基本上为 0.33，而 CQ 方法的则一直为 1。这是因为前者只利用一个维度来确定候选集，其检测的约束相对较少，返回的候选集较多，进而导致中间结果不太准确，而后者利用了所有维度（即约束）来挑选候选集，所以中间结果很准确。图 6-4（l）给出了 ES 和 CQ 两种方法在有无利用排名技术的情况下所返回最终结果排名的准确度。由于前者（没有利用排名技术）返回的结果是随机排列的，而后者（利用排名技术）是将最重要的首先返回，所以后者对最终结果的排名更为准确。

第八，我们比较文献（Gao B J 等，2006，2012）中的 KiWi 方法（代码下载地址①）与本章所提出 CQ 方法在时间效率和准确度方面的性能。图 6-4（m）展示了 KiWi 和 CQ 两种方法在六种数据集上执行同一查询的运行时间。前者在 D_2 数据集上的运行时间最长（109 毫秒），在 D_3 和 D_1 数据集上的运行时间稍短（分别为 47 毫秒和 31 毫秒），在 D_4、D_5 和 D_6 数据集上的运行时间最短（基本为 16 毫秒）。同样，后者在 D_2 数据集上的运行时间最长（10 毫秒），在 D_3 和 D_1 数据集上的运行时间稍短（2 毫秒），在 D_4、D_5 和 D_6 数据集上的运行时间最短（1 毫秒）。KiWi 的总体运行时间稍多于 CQ 方法。图 6-4（n）给出了 KiWi 和 CQ 两种方法在前 k 个结果中的准确度。在 top-k 中的 k 由 4 增加到 12 过程中，KiWi 所返回结果的准确度由 0.75 逐步增加到 1，且接近于 CQ 方法的准确度 1。前者准确度小于后者的原因是：前者首先返回列长的结果再返回行多的结果，而后者要综合考虑行和列的数目，先返回行和列数目相对较多的、再返回较少的。

6.6.2 并行性能

第 6.6.1 节已经验证了所提出方法在单机上的性能，本节将测试所提出方法在分布式并行平台下（包括 1 个 master 节点、8 个 slave 节点）的表现。图 6-5（a）给出了 BF、ES 和 CQ 方法执行同样的约束查询（3 个 must-link、3 个 cannot-link、2 个 interval 和 2 个 count 约束）在 6 种数据集上的运行时间。BF 在 D_2 数据集上的运行时间最长（117 毫秒），原因是 D_2 数据集

---

① KiWi Software 1.0. http://www.bcgsc.ca/platform/bioinfo/ge/kiwi/.

中的行数是最多的。D_3、D_4 和 D_5 数据集上的查询时间随着行数的减少而减少。D_1 数据集的行数是最少的但是其上的查询时间却排名前三位，原因是行所拥有的数据量远多于其他数据集。ES 方法在 6 种数据集上的查询时间基本恒定（2 毫秒），因为其是依靠哈希方法定位的，与数据量的大小基本无关，但是其在特征的枚举与索引上消耗了大量时间。CQ 方法在 6 种数据集上的执行时间在 1 毫秒至 3 毫秒之间徘徊，受到数据规模的影响，但是影响不明显。此实验证明了三种方法在不同数据集上执行查询的可扩展性。CQ 方法的查询时间随着关键词的增加而减少，这是因为关键词越多，剪枝越多。

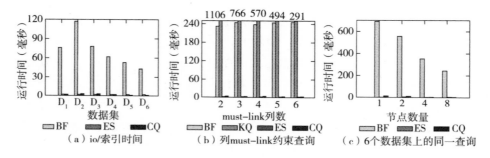

图 6-5　三种方法在分布式并行平台 Hadoop 上的性能评估

图 6-5（b）展示了 BF、KQ、ES 和 CQ 方法在 18748 行数据上执行不同的列 must-link 关键词而其他关键词约束相同的查询所消耗的时间。BF 方法最小运行时间为 232 毫秒，最大运行时间为 245 毫秒，基本上符合随着关键词的增加查询时间在增长的预测。KQ 是 4 个方法中消耗时间最多的。原因是 KQ 是利用一个维度搜索，这样其搜索空间就会比其他方法的大。随着列关键词的增长，查询时间由 1106 毫秒减少到 291 毫秒。为了表示得更清晰，将超出一定阈值的运行时间写在每列的旁边。由于 ES 依靠哈希方法定位，所以其查询时间依旧恒定（2 毫秒）。CQ 方法的查询时间在 3~4 毫秒徘徊。此实验验证了所提出的方法在不同数目的关键词下执行查询的可扩展性。

最后验证 BF、ES 和 CQ 方法在不同集群节点（1、2、4、8 个节点）上执行同一种约束查询的可扩展性。随着节点（机器）个数的增加，见图 6-5（c），BF 方法的查询时间由 690 毫秒减少到 244 毫秒，性能提高了将近 3 倍；但是 ES 方法的查询时间不受节点数目的影响；CQ 方法的查询

时间由 14 毫秒减少到 3 毫秒，性能提升了将近 5 倍。此实验说明 BF 和 CQ
方法随着节点的增长有着良好的可扩展性，但是 ES 方法基本不受影响。

6.7　相关工作

　　本节主要回顾和分析与约束型查询有关的文献，主要分为三类：基于
查询的双聚类，约束型协同聚类和基于模式的子空间聚类。这里对每一类
现有工作只做简单介绍，更详细地描述请查阅 Sim 等的综述（Sim K 等，
2013；Madeira S C 等，2004；Jiang D 等，2004a；Kriegel H P 等，2009；岳
峰等，2008）。

　　基于查询的双聚类：该类方法始于生物信息领域（Zou Q 等，2014；邹
权等，2010），用来分析基因表达数据。其利用用户提供的且假定认为紧密
协同表达或功能相关的种子来对搜索空间剪枝或指导双聚类工作的实施。
Dhollander 等（2007）观察到现有的挖掘方法不能回答指定的问题并且不能
加入用户的先验知识，同时提出基于贝叶斯的查询驱动的双聚类方法 QDB。
该方法以领域知识为先验概率，而要获得的聚类作为后验知识。最后利用
称为 resolution sweep 的方法来确定聚类结果的理想展示方案。Zhao 等
（2011）提出的 ProBic 方法可以作为 QDB 方法的改进，两者在概念上相似，
不同之处在于前者利用一种概率关系模型来扩展贝叶斯框架，同时利用基
于期望最大化算法的直接指定方法来学习该概率模型。Alqadah 等（2012）
提出一种利用低方差和形式概念分析优势相组合的方法，并且证明这种统
计差量能够很好地发现在部分实验条件下具有相同表达趋势的基因。

　　约束型协同聚类：约束协同聚类是一种基因表达数据分析的新方法，
目前该问题的相关研究比较少。Pensa 等（2006，2008a）提出一种从局部
到整体的方法来建立间隔约束的二分分区，该方法是通过扩展从 0/1 数据集
中提取出来的一些局部模式的来实现的。基本思想是将间隔约束转换成一
个放松的局部模式，接着利用 k 均值算法来获得一个局部模式的分区，最后
对上述分区做后续处理来确定数据之上的协同聚类结构。随后，Pensa 等
（2008b）对上述方法进行了扩展。与工作（Pensa R G 等，2006，2008a）
的主要不同点在于：①笔者通过计算行列之上的关于通用目标函数的聚类

来直接协同聚类；②新工作（Pensa R G 等，2008b）的适用的数据范围有了扩展，从 0/1 矩阵扩展到了实数数据；③提升了必须连接约束和不能连接约束在行列之上的处理性能。

基于模式的子空间聚类：该聚类方法旨在发现部分对象在部分特征下所表现出来的共同的模式，每个模式对应一个子空间聚类。该方法利用模式的相似性而非欧氏距离来做聚类，在基因表达数据分析中相当有效，是因为协同表达基因不必具有绝对相同或者相似的表达值，其只需要在同样的实验条件下具有同样的升降趋势即可。Cheng 等（2000）提出 δ-bicluster 模型来进行基因表达数据分析。基于 δ-bicluster 模型，Yang 等（2002）为减少数据缺失值的影响，提出一种 δ-cluster 模型。与此同时，Wang 等（2002，2005）为了发现展现出具有倍数或者偏移一定数值的模式，提出一种叫作 δ-pCluster 的模型和确定性方法。上述方法都严重依赖具体的表达值，为了避免数值对挖掘结果的干扰，Ben-Dor 等（2002，2003）首次提出并利用 OPSM 模型来发现具有相干演化趋势的双聚类。Liu 等（2003）提出 OP-Cluster 模型，该模型利用属性的等价类来泛化 OPSM 模型，其可以寻找到行列数均大于一定阈值的聚类。为了挖掘正相关和负相关共调控基因聚类，Zhao 等（2008）提出一种最大化子空间聚类算法。现有方法在挖掘长的且支持度比较小的模式时代价比较大。Gao 等（2006，2012）提出一种 KiWi 框架，其利用 k 和 w 两个参数来约束计算资源和搜索空间。Kriegel 等（2005）提出一种通用的高维数据双聚类方法。安平（2013）利用互信息和核密度来进行双聚类。Jiang 等（2013）提出一种基于蝶形网络的并行分割与挖掘方法来扩展并改善 OPSM 的挖掘性能。

6.8　小结

针对基因表达数据中保序子矩阵的约束查询问题，我们提出了两种适用于不同情形的索引和查询方法，即基于枚举序列索引的查询方法和多维联合查询方法。前者提升了查询性能但需索引的特征数量相对庞大，后者减少了索引数据量且提升了查询性能。在真实数据集上的实验结果证明了所提出方法具有很好的查询精确性和良好的可扩展性。

7 基于数字签名与 Trie 的 OPSM 约束查询

为了解决保序子矩阵的约束查询问题，第 6 章经过相关优化，最终设计了一种基于多维联合索引的查询方法。该方法性能良好，唯一的不足之处就是当 OPSM 数据的维度偏大时索引较大。为了进一步减少索引大小且不降低查询性能，本章提出了基于数字签名与 Tire 索引的 OPSM 约束查询方法。

7.1 引言

基因芯片技术加快了基因表达数据的积累，数据的积累又促进了大量用来挖掘新的有用知识的高性能算法的设计与实现。基因表达数据广泛应用于基因组研究，因为其方便了疾病亚型的发现与诊断。通常情况下，我们以矩阵的形式来展示基因表达数据，其中的行代表基因、列代表实验条件、每个元素代表某个基因在特定实验条件下的表达水平。图 7-1（a）给出一个真实的基因表达数据集，其中，横轴表示实验条件，纵轴表示表达水平，每一条曲线代表某个基因在若干个实验条件下的表达水平的变化趋势。因为基因之间更趋向于在部分条件下有一致的上升下降趋势，所以图 7-1（a）中的升降趋势并不明显。图 7-1（b）和 7-1（c）是从图 7-1（a）数据中发现的两个功能团中对应基因表达水平的图形化表示。两图清晰明了地展示了相对应的一致表达趋势。通常，从中挖掘出来的子矩阵称为 OPSM，该模型在基因表达数据的挖掘与分析中发挥着重要作用。

目前聚类方法已广泛应用于基因表达数据分析领域，但是其要求所有实验条件必须在同一聚类中。然而，相关基因不一定在所有实验条件下共表达。基于上述观点与现实，聚类不必过分强调聚类中包含全部的实验条

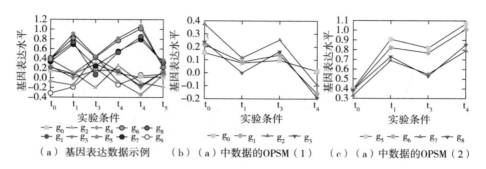

图7-1 基因表达数据与 OPSM 举例

件或者基因。相反，两个维度可以同时聚类，该方法称为双聚类或者子空间聚类。其可以挖掘出在部分实验条件下具有相似表达水平或趋势的若干基因的集合。双聚类的概念最初由 Hartigan（1972）提出，其作为对矩阵中的行与列同时聚类的一种方法，并将其命名为 Direct 聚类。Cheng 和 Church（2000）提出了基因表达数据的双聚类，并引入了元素残差以及子矩阵的均方残差的概念。Ben-Dor 等（2002，2003）介绍了一种特殊的双聚类模型 OPSM，并证明了其是 NP 难问题。随后，研究者们提出了基于数值测度和定性测度的 OPSM 挖掘方法。数值测度包括均方残差 MSR（Cheng Y 等，2000）、平均相关值 ACV（Ayadi W 等，2012）、平均斯皮尔曼秩相关系数 ASR（Ayadi W 等，2012）、平均一致性相关指数 ACSI（Ayadi W 等，2012）等。定性测度包括上升、下降和无变化等衡量标准（Chui C K 等，2008）（Fang Q 等，2010）。上述方法大多数是批量挖掘多种类型的 OPSM，在搜索或者查询特定的某个 OPSM 时显然太过笨拙。因为其或者经过多轮迭代或者批量挖掘之后从中选取目标聚类，所以其在查询 OPSM 的过程中性能较差。尽管基于查询的双聚类方法（Alqadah F 等，2012）可以在一定程度上满足需求，但是其输入的关键词和参数并不能真正表达分析者的领域知识。从文献中可知，分析者的领域知识可以用约束来表示。现有的约束在基因表达数据分析（Pensa R G 等，2006，2008a，2008b）中也有应用，其主要辅助共表达聚类的批量挖掘，目前约束与查询（Jiang T 等，2015a）还没有共同使用。基于约束查询的 OPSM 分析对探索基因协同表达、调控网络的创建具有重要意义。本章主要解决的问题是从 OPSM 数据集中搜索与查询特定的符合分析者要求的若干 OPSM。

基于约束条件的 OPSM 查询存在以下挑战：①OPSM 数据量庞大，如何快速遍历如此大的数据具有难度。因为 OPSM 间具有交叉重叠，所以基因或实验条件会出现在多个 OPSM 中。虽然具有冗余，但又是必需的，由于其代表了不同的生物学功能团。②如何规范有效地将分析者的领域知识转化为自定义约束条件，以及如何规范有效地利用这些规范都是需要解决的问题。现有文献中的自定义约束主要有 must-link 与 cannot-link 两类（Pensa R G 等，2008b）。如果用户主观上要求基因 g_4 与 g_7 必须同时出现在一个功能团中时，那么就可以应用 must-link 加以约束，以减少不相关的搜索。同样，若生物学家意在搜寻含有基因 g_4 但无 g_1 的功能团时，就可以应用 cannot-link 加以限制。另外，笔者观察到在实验条件的表达值上加偏序之后，可以定义一个 interval 约束来减少搜索空间。若同时对 OPSM 的行列数目也加以约束的话，同样能够加速搜索速度。③如何建立数据量小且查询速度快的索引具有挑战。笔者观察到每个基因名序列编码较长，若在匹配过程中直接利用，会大大降低搜索速度。另外，实验条件序列有序且较长，也不能简单地通过变换编码的方式来解决。为此，亟待设计高效的索引与搜索算法来解决 OPSM 的检索问题。

为了解决上述问题，本章首先将 OPSM 中的基因名序列转换成 0/1 数字签名，并将其放入 Tire 树中建立 sTrie 索引，减少了内存的消耗。又对 sTrie 中的单分支节点进行了压缩，设计了 cTrie 索引。其次，针对 OPSM 中的实验条件序列，提出了基于原始或枚举实验条件的索引 tTrie。然后，为了快速通过自定义约束进行搜索，提出了基于上述两类索引的自顶向下与自底向上搜索方式相结合的查询方法。其旨在利用一类索引从另一类索引中搜索出来的候选集，从而加速搜索。以自顶向下搜索的 sTrie（或 cTrie）与以自底向上的 tTrie 搜索方式相结合后，比蛮力等初步方法在性能上有较大提升。其搜索时间复杂度为 $O(\zeta b+\omega m)$，其中的 ζ 为平均搜索分支数，b 为数字签名位数，ω 为候选分支数，m 为平均分支长度。为了进一步解决 sTrie 和 cTrie 所产生的候选集数目庞大以及遍历效率低的问题，提出了以自顶向下搜索的 tTrie 与以自底向上的 sTrie（或 cTrie）搜索方式相结合的方法。其搜索时间复杂度为 $O(\varepsilon+\zeta b)$，其中 ε 为平均搜索节点数。

本章的主要工作和创新点如下：

（1）提出基于数字签名和 Trie 的基因序列与实验条件序列索引方法（7.3 节）。其中包括数字签名位数的计算方法，0/1 Trie 的分支/节点的压缩方法以及表头的创建方法。

（2）提出自顶向下与自底向上相结合的查询方法（7.4节），其能保证不同情况下的查询效率。

（3）真实数据集上做了大量实验，实验证明所提出方法具有良好的查询精确性和可扩展性（7.5节）。

7.2 问题描述

本节主要介绍相关概念与解决 OPSM 约束型查询所用到的索引和查询框架，表7-1给出了该研究工作中用到的相关符号及其说明。

表7-1 相关符号与说明

符号	描述	符号	描述
G	基因集合	T	实验条件集合
g	部分基因	t	部分实验条件
g_i	基因 i	t_i	实验条件 i
$D(G, T)$	源数据集	e_{ij}	g_i 在 t_i 下的表达值
r_i	行聚类	l_i	列聚类
M	OPSM 集合	M_i	一个 OPSM
M^g	M 中的行	M^t	M 中的列

如果后文中没有特殊说明，基因与行、实验条件和列将交替使用，用其来表示同样的含义。

定义7-1 保序子矩阵（OPSM）：见定义1-1。

例7-1 图7-1（b）和图7-1（c）是从图7-1（a）中挖掘出来的两个 OPSM，其按照原始实验条件的先后顺序来表示。实际上，在发现过程中，我们首先将每个基因的表达值按大小排序，其次替换为列标签，最后寻找列标签序列的最长公共子序列。

定义7-2 保序子矩阵的约束查询：见定义1-2。

定义7-3 必须连接（must-link）：若行 g_a 和 g_b（或列 t_a 和 t_b）参与必须连接约束，表示为 $c_{must}(g_a, g_b)$（或 $c_{must}(t_a, t_b)$），那么必须返回处于同

一个行聚类 M_g（或同一个列聚类 M_t）的 OPSM。

例 7-2 给定如表 7-2 所示数据，查询 g_4、g_5、g_7 所在的某功能团，将记住的基因名 g_5、g_7 作为必须连接约束（即 $c_{must}(g_5, g_7)$）提前输入。在查询时，我们将需要遍历的数据从 8 条减少到 2 条（即 M_0 和 M_2），从而减轻了假阳性数据的干扰、加快了计算速度。

表 7-2 OPSM 数据集举例

OPSM 代号	基因名	实验条件	基因名的签名
M_0	g_1, g_3, g_5, g_7	4, 1, 3, 0	0101
M_1	g_1, g_2, g_3	0, 3, 1, 4	0111
M_2	g_4, g_5, g_7	2, 4, 5, 3, 0	1101
M_3	g_0, g_1, g_3, g_4	1, 2, 0, 4, 5	1101
M_4	g_1, g_3, g_5	2, 5, 6	0101
M_5	g_1, g_2, g_3, g_5	2, 3, 4, 5	0111
M_6	g_0, g_1, g_2, g_6	4, 6, 2, 3	1110
M_7	g_1, g_4, g_6	5, 3, 6, 1, 0	1110

定义 7-4 不能连接（cannot-link）：若行 g_a 和 g_b（或列 t_a 和 t_b）参与不能连接约束，表示为 $c_{cant}(g_a, g_b)$（或 $c_{cant}(t_a, t_b)$），那么必须返回不在同一个行聚类 M_g（或同一个列聚类 M_t）的 OPSM。

例 7-3 从表 7-2 数据中查询 g_4 但非 g_1 所在的某个功能团，将基因名 g_4、g_1 作为不能连接约束（即 $c_{cant}(g_4, g_1)$）提前输入。在查询时，我们将需遍历的数据从 8 条减少到 1 条（即 M_2），从而减轻了假阳性数据的干扰、加快了计算速度。

定义 7-5 间隔约束（interval）：若在列集上定义一个偏序（<），则该集合上的间隔约束表示为 $c_{int}(t_a, t_b, i)$，i 为非负整数，表示 t_a 和 t_b 在列聚类 M_t 的每一个子集 l_j 中的间隔必须为 i。如果 i 为 0，表示 t_a 和 t_b 紧挨着；如果 i 为正整数，则表示 t_a、t_b 的间距为 i。

例 7-4 从表 7-2 数据中查询间隔为 1 的实验条件 4 和 3 所在的某个功能团，将其转化为间隔约束 $c_{int}(t_4, t_3, 1)$（即间隔 1 的 4 和 3 在聚类 M_t 中）。在查询时，我们将候选集从 8 条减少到 2 条（即 M_0 和 M_2），减少了数据的干扰与计算量。

定义 7-6 数量约束（count）：给定行阈值 $|g|$、列阈值 $|t|$，以及二元关系 $u、v \in \{\neq、=、\leqslant、\geqslant、<、>、\nless、\ngtr\}$，则行列集上的数量约束表示为 c_{cnt} $(|g|_u,|t|_v)$，其中 $|g|_u$ 表示查询的 M_i 的行要 u 于 $|g|$，$|t|_v$ 表示查询的 M_i 的列要 v 于 $|t|$。

例 7-5 从表 7-2 数据中查询行列数目分别为 3 和不小于 5 的某个功能团，将其转化为数量约束 $c_{cnt}(3_=,5_\geqslant)$。在查询时，我们将需要遍历的数据从 8 条减少到 2 条（即 M_2 和 M_7），减少了候选集中元素的数量，也加快了计算速度。

通常，序列查询可以转换为集合包含问题（Helmer S 等，1997）。然而，OPSM 查询问题转化为集合包含问题之后，其中的实验条件还需要鉴定顺序。为此，针对 OPSM 基因部分的查询，我们利用基于数字签名（生成方法见 6.4.1 节）的 Trie 来解决。对于 OPSM 实验条件部分的查询，我们利用基于枚举序列的前缀树索引来解决。OPSM 查询分为以下两个主要步骤。

（1）创建索引：这是一个对 OPSM 中基因名与实验条件部分进行预处理的过程。①首先将基因名转换为数字签名。如果关键词 g 包含于某个 OPSM，那么 g 的数字签名也包含于该 OPSM 的数字签名之中，且利用数字签名的查询更快捷。其次将数字签名放在 Trie 中，这样可以节省部分内存空间。②首先枚举不超过一定长度的实验条件序列。其次将该序列放置于前缀树之中。最后建立一个辅助表头，方便对索引的遍历与定位。

（2）查询处理：包含搜索与验证两个子步骤。①搜索，其利用基因关键词的数字签名、实验条件序列或者子序列，来遍历 Trie 与前缀树，并获取相应的聚类 M_i 作为候选集 C_q 中的元素。②验证，检测候选集 C_q 中的每个聚类 M_i 是否真的满足所有约束。

7.3 索引方法

实现 OPSM 约束查询的最简单的方法是蛮力搜索，即每次查询都完整的扫描一遍数据集，从中选择符合条件的结果。该方法只适用于小数据集，对大规模数据集却无能为力。为了使搜索更高效，首先分析如表 7-2 所示的 OPSM 数据集，知道完成 OPSM 的约束查询需要对基因名（行）与实验条件（列）两部分分别进行处理与匹配。为此，根据基因名与实验条件序列各自的特点，分别提出了两种索引方法。由于基因名序列没有元素的先后之分，我们设计了基于数字签名与 Trie 的索引方法。根据实验条件有先后顺序的特点，提出了基于枚举序列的索引策略。

7.3.1　基于数字签名与 Trie 的索引（sTrie）

数字签名 signature（Helmer S 等，1997）是一个长度为 b 的位域，其用来代表或者近似代表一个集合。假如一个集合 t 中有 x 个元素，且每一个元素用 0 到 $x-1$ 的整数来表示，那么这个集合的数字签名的生成方法为：将第（$i\,\mathrm{mod}\,b$）位置为 1，mod 表示取余运算。生成的数字签名即为集合 t 映射到 b 位上的一个压缩位图。表 7-2 数字签名列展示了为每一个基因名序列设计的 4 位数字签名。本章将数字签名的最左侧设为第 0 位，左侧第 2 位为第 1 位，依次下去。在映射过程中，g_0 映射到第 0 位，g_1 映射到第 1 位，以此类推。注意 M_2 与 M_3 中的不同基因名序列具有相同的数字签名 1101。

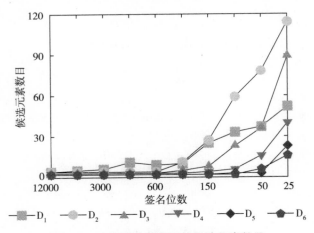

图 7-2　不同位数签名下的候选元素数目

为了寻找最优的数字签名位数，利用实验部分如表 7-3 所示数据，测试在 12000、6000、3000、1000、600、300、150、75、50、25 位数字签名情况下的候选集中元素的数目。从图 7-2 中可以看出，由列数较少的基因表达数据生成的 OPSM 数据集 D_1 和 D_2，随着数字签名位数的减少，候选集中元素数目增长的速度相对较快。在 600 位数字签名之前，候选集数目增长相对平稳，而在其后急速增长。由列数较多的基因表达数据生成的 OPSM 数据集（D_3、D_4、D_5、D_6）则在 150 位数字签名之后才快速增长。由此得出如下结论：对由列数较少的基因表达数据生成的 OPSM 数据集进行数字签名转化时，数字签名的位数应该稍多一些。

基于数字签名的 Trie 索引的创建过程（算法 7-1）如下：对于每一个 OPSM 中的基因名序列，首先将数字签名 sig 中的相应位置置为 1，并将当前节点指向根节点（算法 6-1 第 2 行）；接着，对 sig 中的每一位（第 3 行），如果当前节点的孩子中没有等于该值的节点，就创建一个具有该值的子节点，并将当前节点指向该节点（第 4~5 行），否则只需指向该孩子节点即可（第 5 行）；直到 sig 的最后一位时，将当前节点设为叶子节点并存储 OPSM 的 ID 号集合（第 6 行）。对于每一个 id 号（第 7 行），如果 $opsmId$-$Table$ 表头中存在该 id，则将当前节点加入以 id 为键的集合中（第 8 行）。否则，新建一个分别以 id 为键、当前节点地址为值的键值对放入 $opsmId$-$Table$ 表头中（第 9 行）。创建表头的目的是方便后文中通过获取到的 id 编号以自底向上的方式来检验候选 id 是否符合条件。

算法 7-1　基于数字签名的 Trie（sTrie）。

输入：OPSM 数据集 M；输出：基于数字签名的 Trie sTrie

1. **while** M 中存在下一条数据 **do**
2. 　$sig \leftarrow 0$; $sig\ |= 1 << m_{sig}(g[i])$; $curNode \leftarrow gRoot$;
3. 　**for** $i \leftarrow 0$ to $sig.length-1$ **do**
4. 　　**if** $curNode$ 的子节点中不存在 $sig[i]$ **then** 将 $sig[i]$ 加入 $curNode$ 的子节点；
5. 　　$curNode \leftarrow curNode$ 指向子节点 $sig[i]$；
6. 　将 $curNode$ 设为末节点；将 M 中该 OPSM 的 ID 存入 $curNode$；
7. 　**for** ID 中的每一个 id **do**
8. 　　**if** $OPSMIdTable$ 中存在 id **then** 将 $curNode$ 加入 $opsmIdTable$ 中 id 所在单元；
9. 　　**else** put 将 $(id, curNode)$ 加入 $opsmIdTable$；

例 7-6　sTrie 索引的创建：表 7-2 展示了一个 OPSM 样例数据集，该数据将用来作为后文创建索引与演示查询方法的示例。基于数字签名的 Trie 的创建结果如图 7-3（a）所示。

引理 7-1　基于数字签名的索引方法能够保证查询结果的完整性。

证明：根据数字签名的性质，如果基因名约束转换后的集合 c 包含于某一个 OPSM 的基因名集合 g 中，即 $c \subseteq g$，则有 $sig_c \subseteq sig_g$，其中 $sig_c \subseteq sig_g :=$

$sig_c \& \sim sig_g = 0$，& 与~分别是二进制中的按位与和求补操作。定理得证。

7.3.2 基于数字签名与 Trie 的压缩索引（cTrie）

7.3.1 节的基于数字签名的 sTrie 索引方法的一个缺点是其生成许多不必要的节点，这些节点仅有一个孩子，也叫作单分支节点。从图 7-3（a）中也可以发现上述现象。对于 k 个拥有 b 位的数字签名，如果没有上述单分支节点的话，那么该 sTrie 应该包含 $2k$ 个节点。然而，通常情况下，由于数字签名越长，sTrie 会有更多单分支节点。因此，节点越多，需要占据的内存也就越多。同时，在遍历过程中也可能消耗更多的 CPU 时间。为了提高性能，需要改进上述策略，即将每个节点的单分支节点压缩到一个节点中。

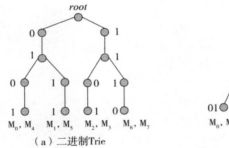
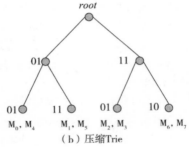

（a）二进制Trie　　　　　　　　　　（b）压缩Trie

图 7-3　0/1 Trie 例子

为了避免单节点分支的出现，我们将二分 sTrie 中的单分支节点放入一个节点中，这样就保证了除叶子节点之外的所有节点都有两个分支。下面用一个例子来说明如何建立压缩 Trie（即 cTrie）。图 7-3（b）中展示了一个图 7-3（a）中对应的压缩索引 cTrie。对于左分支，只有第 2 个位置有分裂，所以将第 1~2 节点合并成一个节点 01，其后的两个分支分别合并成 01 和 11。右分支也只有第 2 个位置有分裂，所以将前两个节点合并成一个节点 11，其后的两个分支分别合并成 01 和 10。这样就将 13 个节点［见图 7-3（a）］减少到 7 个节点［见图 7-3（b）］。

基于数字签名的压缩 Trie 索引（cTrie）的创建过程（算法 7-2）与算法 6-1 的不同之处如下：其中算法 6-1 第 3~5 行替换为算法 7-2 第 3~16 行。在处理第 1 个 sig 时，我们直接将该 sig 序列放入根节点的一个孩子中（第 4~5 行）。对于之后的 sig 序列，首先获取当前节点（首先为根节点）

的孩子节点 *child*，并找到节点 *child* 中所存储的 sig_{old} 序列与新的 sig_{new} 最长公共前缀 *lcp*（第 8 行）。如果 *lcp* 的长度为 0，则将该 sig_{new} 作为当前节点的另一个子节点（第 19~20 行）。如果节点 *child* 中的某个子节点为 *lcp*，则将当前节点指向 *child* 节点的 *lcp* 节点（第 17~18 行）。如果 *lcp* 长度大于 1 且 sig_{old} 片段有剩余，则将现有节点的 *key* 换为 *lcp*，同时创建一个新的节点作为现有节点的子节点（第 12~16 行）。如果 *lcp* 长度大于 0，则将标志位置为 *false*（第 21 行）。*opsmIdTable* 表头的创建过程与 *sTrie* 类似（第 23~25 行）。

算法 7-2　基于数字签名的压缩 Trie（cTrie）。

输入：OPSM 数据集 *M*；输出：基于数字签名的压缩 Trie cTrie

1. **while** *M* 中存在下一条数据 **do**
2. 　$sig \leftarrow 0; sig \mathrel{|}= 1 << m_{sig}(g[i]); curNode \leftarrow gRoot;$
3. 　**while** *sig* 不为空 **do**
4. 　　**if** *curNode* 为根节点且没有子节点 **then**
5. 　　　将 *sig[i]* 加入 *curNode* 的子节点；*curNode* 指向子节点 *sig[i]*；*sig* 置空；
6. 　　**else if** *curNode* 有孩子节点 **then** *flag*←*true*;
7. 　　　**while** *flag* 为真且 *curNode* 中存在下一个孩子 **do**
8. 　　　　*key* ← 获取 *currentChild* 基因名；*lcp*←LongestCommonPrefix(*key*,*sig*);
9. 　　　　**if** *lcp*.length=*sig*.length **then** *sig*←"*Φ*";
10. 　　　　**else** *sig*←*sig* 中截取从 *lcp*.length 到 *sig*.length 的子序列；
11. 　　　　**if** *lcp*.length<*key*.length **then**
12. 　　　　　*key_remain*←*key* 中截取从 *lcp*.length 到 *key*.length 的子序列；;
13. 　　　　　**if** *lcp*.length>0 & *key_remain*.length>0 **then**
14. 　　　　　　*val*←*currentChild*;*curNode* 孩子节点去除 *key*;
15. 　　　　　　*lcp* 作为 *curNode* 孩子;(key_remain,val) 放入 *curNode* 孩子 *lcp* 的孩子；
16. 　　　　　　*curNode*←*curNode* 中的子节点 *lcp*;
17. 　　　　　**else if** *lcp*.length>0 & *key_remain*.length=0 **then**
18. 　　　　　　*curNode*←*curNode* 中的子节点 *lcp*;
19. 　　　　　**else if** *lcp*.length=0 **then**
20. 　　　　　　将 *sig[i]* 加入 *curNode* 子节点；*curNode* 指向子节点 *lcp*);*sig* 置空；
21. 　　　　**if** *lcp*.length>0 **then** *flag*←*false*;
22. 将 *curNode* 设为末节点；将 *M* 中该 OPSM 的 *ID* 存入 *curNode*;
23. **for** *ID* 中的每一个 *id* **do**
24. 　**if** *opsmIdTable* 中存在 *id* **then** 将 *curNode* 添加到 *opsmIdTable* 中 *id* 所在单元；
25. 　**else** 将 (*id*,*curNode*) 加入 *opsmIdTable*;

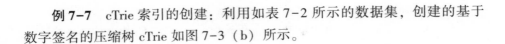

例 7-7　cTrie 索引的创建：利用如表 7-2 所示的数据集，创建的基于数字签名的压缩树 cTrie 如图 7-3（b）所示。

7.3.3　基于序列的索引（tTrie）

若直接将实验条件序列放入前缀树中，遍历过程会比较耗时。为了减少根据约束条件等关键词的定位时间，本章直接枚举每个 OPSM 的实验条件部分，将枚举的片段作为前缀树中的中间节点，而 id 号放入枚举序列片段最后一个序列所在的节点中。虽然枚举序列可以加速定位，但是枚举序列的个数随着元素数目的增加成指数级增长。通过观察得知经常用到的约束中关键词的长度不超过 4，所以只枚举不超过 4 个元素的序列。

引理 7-2　如果将长度为 m 的序列枚举成长度不大于 l（$l<m$）的子序列，那么其空间复杂度为 $O(m^l)$。

证明： 对于每一序列，其长度不大于 l 的序列片段的个数为 $A_m^1 + A_m^2 + \cdots + A_m^l = \sum_{i=1}^{l} A_m^i$，那么空间复杂度为 $O\left(\sum_{i=1}^{l} A_m^i\right) = O(lm^l) = O(m^l)$。

实验条件 $tTrie$ 索引（$tTrie$）的创建过程（算法 7-3）如下：对于每一个枚举出来的特征 f（第 1 行），首先将当前节点指向根节点 $tRoot$，并取出该特征中的实验条件（第 2 行）。其次对于 f 中的每个实验条件（第 3 行），如果当前节点的孩子中没有等于该值的节点，就创建一个具有该值的子节点，并将当前节点指向该节点（第 4~5 行），否则只需指向该子节点即可（第 5 行）。直到 f 的最后一个实验条件时，取出 f 中的 OPSM 的 ID 号集合（第 6 行）。最后对于 f 中的每个 id 号（第 7 行），如果 $opsmIdTable$ 中存在该 id，就将当前节点加入该 id 键所在的值中，否则将该 id 作为键而当前节点作为值放入 $opsmIdTable$ 中（第 8~9 行）。

算法 7-3　实验条件 Trie（tTrie）。

输入：枚举序列 F；输出：实验条件 tire tTrie

1. **while** F 中存在下一条数据 f **do**
2. $\quad curNode \leftarrow tRoot; cols \leftarrow f.cols;$
3. $\quad$ **for** $i \leftarrow 0$ to $cols.length-1$ **do**
4. $\quad\quad$ **if** $curNode$ 中不存在孩子 $cols[i]$ **then** 将 $cols[i]$ 加入 $curNode$ 的子节点中；
5. $\quad\quad curNode \leftarrow curNode$ 中的子节点 $cols[i]$；
6. $\quad$ 将 $curNode$ 设为末节点；将 f 中该 OPSM 的 ID 存入 ID；

7.   **for** $i \leftarrow 0$ to ID.size-1 **do**
8.   **if** $opsmIdTable$ 中存在 $ID[i]$ **then** $curNode$ 加入 $opsmIdTable$ 中 $ID[i]$ 所在单元；
9.   **else** 将 $(ID[i],curNode)$ 加入 $opsmIdTable$；

例 7−8　tTrie 索引的创建：利用如表 7−2 所示的数据，枚举出如图 7−4（a）所示的长度不大于 4 的序列。因为序列数过多，只展示了以 4 开头的序列片段。基于枚举序列和原始序列的 tTrie 索引见图 7−4（a）与图 7−4（b）。后者用于后文自底向上的遍历方法中。

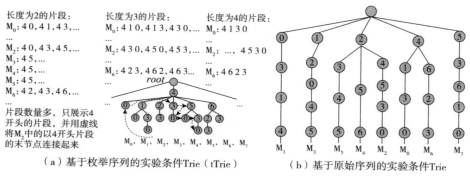

（a）基于枚举序列的实验条件Trie（tTrie）　　　（b）基于原始序列的实验条件Trie

图 7−4　不同数据下的 **tTrie**

7.3.4　代价分析

代价分析：在创建索引过程中，主要关注的是预处理与索引的创建时间：

$$T_{index} = T_{sig} + T_{sig\_trie} + T_{enum} + T_{seq\_tree} \qquad (7-1)$$

其中 T_{sig} 是数字签名的时间代价，T_{sig_trie} 是数字签名 Trie 的生成时间，T_{enum} 是基因名序列的枚举时间，T_{seq_tree} 是索引枚举序列的时间，显然，提高式（7−1）性能需要依靠减少数字签名的生成时间和降低序列的枚举时间。

7.4　查询方法

我们在本章提出自顶向下和自底向上两类查询方法，前者适用于给定关键词来定位候选集的情形，后者适用于给定候选集后进而缩小候选集的情况，两者结合使用能够提高查询效率，同时两类索引的前后顺序也影响搜索速度。以上两类方法经过组合得到以下四种方法：①基于 sTrie 的自顶向下与 tTrie 的自底向上相结合的查询方法（GT）。②基于 cTrie 的自顶向下与 tTrie 的自底向上相结合的查询方法（GcT）。③基于 tTrie 的自顶向下与 sTrie 的自底向上相结合的查询方法（TG）。④基于 tTrie 的自顶向下与 cTrie 的自底向上相结合的查询方法（TGc）。

7.4.1　自顶向下的查询

包括基于基因名数字签名索引（sTrie 和 cTrie）和实验条件枚举序列索引（tTrie）两类查询方法。

7.4.1.1　基于 sTrie 的自顶向下 OPSM 约束查询

基于 sTrie 的自顶向下 OPSM 约束查询过程（算法 7-4）如下：算法的输入为 sTrie 索引的某个节点，由约束转化而来的 sig_c 以及 sig_c 的某一个下标。如果当前所遍历的节点不是叶子节点且 sig_c 的当前位点为 1，那么继续遍历该节点的右子树（第 1~2 行）；如果当前所遍历的节点不是叶子节点且 sig_c 的当前位点为 0，那么继续遍历该节点的左右子树（第 3~4 行）；如果当前所遍历的节点为叶子节点，将该节点中的 OPSM 的 ID 号放入候选集 R 中（第 5 行）。

算法 7-4　基于 sTrie 的自顶向下 OPSM 约束查询（sTrie-TD）。

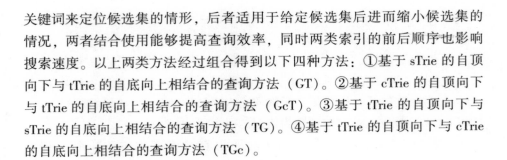

输入：$sTrie$ 的某个节点，由约束转化的数字签名 sig_c，sig_c 的位标签；
输出：OPSM ID 列表 R
1. **if** $node$.level < sig.length & $sig_c[sig\_idx]$=1 **then**
2. 　sTrie-TD($node$.right,sig_c,sig_idx+1);
3. **else if** $node$.level < sig.length & $sig_c[sig\_idx]$=0 **then**
4. 　sTrie-TD($node$.left,sig_c,sig_idx+1);sTrie-TQ($node$.right,sig_c,sig_idx+1);
5. **else if** $node$.level=sig.length−1 **then** 将节点 $node$ 中保存的 ID 加入 R;

例 7-9　基于 sTrie 索引的自顶向下查询：给定关键词 g_4、g_5、g_7，其转化成的 sig_c 为 1101，那么第一次迭代时的算法输入就是根节点、1101（sig_c）以及 0（sig_c 第 1 位）。由于当前节点是根节点，取出其左右孩子（0

和 1)。因为 sig_c 第 1 位为 1，所以将当前节点指向右孩子。之后，通过三次类似的计算后，得到 M_2 和 M_3 所在分支符合条件。

定义 7-7 投入（drop）：给定两个集合 c 与 g 以及相应的数字签名 sig_c 与 sig_g，其上的预测 θ，即 $sig_c \theta sig_g$，称为一个投入 drop。如果 $sig_c \theta sig_g$ 与 $c \theta g$ 同时成立的话，该预测为正确的投入（right drop）。如果 $sig_c \theta sig_g$ 成立但 $c \theta g$ 不成立的话，该预测为错误的投入（false drop）。

引理 7-3 给定两个集合 c 与 g 以及相应的数字签名 sig_c 与 sig_g，错误投入的概率为 $(1-e^{-k/b})^k$，其中 b 为数字签名的位数，k 为集合的基数（本章中 c 和 g 的基数相同）。

证明： 具体方法类似于文献（Helmer S 等，1997），此处略去。

7.4.1.2 基于 cTrie 索引的自顶向下 OPSM 约束查询

基于 cTrie 索引的自顶向下 OPSM 约束查询过程（算法 7-5）如下：采用迭代方式处理，其输入为 cTrie 索引的某个节点和由约束转化而来的 sig_c。若迭代中 sig 为空，则返回该节点中存储的 OPSM *ID* 号（第 6 行）。否则（第 1 行），若当前节点有子节点，则将这些孩子节点返回（第 2 行）。对于每一个子节点，获取其基因名序列 sig_{old}，节点地址以及与 sig_{old} 同长度的 sig_c，并将 or 初始化，用来存储 sig_{old} 与 sig_c 的比对结果（第 3~4 行）。对于其中的每一位，若前者不小于后者，则存储前者。否则存储后者（第 5~6 行）。接下来比对 or 与 sig_{old}，若相同，则进入新一轮的迭代（第 7 行）。

例 7-10 基于 cTrie 索引的自顶向下查询：查询的输入同例 7-8（根节点，1101（sig_c）以及 0（sig_c 的第 1 位）。由于当前节点是根节点，且有两个子节点（01 和 11）。因为 sig_c 的前两位为 11，所以经过两次比较之后，将当前节点指向 11 节点。接着进入第二次迭代，经过类似比较之后，最后得到 M_2 和 M_3 所在的分支符合条件。

算法 7-5 基于 cTrie 索引的自顶向下 OPSM 约束查询（cTrie-TD）。

输入：cTrie 的某个节点，由约束转化的数字签名 sig_c；输出：OPSM *ID* 列表 R

1. **if** *sig* 不为空 **then**
2.   **if** *node* 中存在子节点 **then** *all*←*node* 的所有孩子节点；
3.   **for** *child:all* **do** *key* ← *node* 中的基因名；*val* ← *node* 节点；
4.   *str* ← *sig* 从 0 到 *key.length* 的子序列；*or* ← "*Φ*"；
5.   **for** *i*←0 to *key.length*−1 **do if** *key*[*i*]>=*str*[*i*] **then**
6.   *or*←*or* + *key*[*i*]；**else** *or*←*or* + *str*[*i*]；

150

7. **if** *or* 的值与 *key* 相同 **then** cTrie-TD(*val*,*sig*.substring(*key*.length,*sig*.length));

8. **else** 将节点 *node* 中保存的 *ID* 加入 *R*;

引理 7-4 基于 sTrie 与 cTrie 的自顶向下的搜索时间复杂度都为 $O(\zeta b)$，其中 ζ 为平均搜索分支数。

7.4.1.3 基于 tTrie 索引的自顶向下 OPSM 约束查询

基于 tTrie 索引的自顶向下 OPSM 约束查询过程（算法 7-6）如下：算法的输入为必须连接约束，用到的数据为枚举的特征数据。首先将当前节点指向根节点，必须连接的游标初始化为 0，并将分支是否遍历的标志位设为真（第 1 行）。对于每个分支，如果标志位为真，则判断该节点是否含有第 *idx* 个必须约束的孩子。若有且游标 *idx* 没有到达最后一位，则将当前节点指向该孩子节点（第 3~4 行）。如果 *idx* 指向最后一位，那么将当前节点中存储的 OPSM 的 *ID* 号放入结果集合 *R* 中，并将标志位设为假（第 5~6 行）。

例 7-11（基于 tTrie 索引的自顶向下查询）：给定关键词 4、5、3（必须连接），首先将当前节点指向根节点，接着从其子节点中找到 4 节点，然后找到 4 的子节点 5，接下来找到 5 的子节点 3。此时关键词已用完，就从当前节点中取出 *ID* 号（·M_2）作为候选集。

算法 7-6 基于 tTrie 索引的自顶向下 OPSM 约束查询（tTrie-TD）。

输入 : 必须连接 *tMust*; 输出 : OPSM *ID* 列表 *R*

1. *curNode*←tTrie 的根节点 , *idx*←0, *flag*←*true*;

2. **while** *flag* 为真 **do**

3. **if** *curNode* 的孩子中存在 *tMust*.get(*idx*) & *idx* 不等于 |*tMust*|-1 **then**

4. *curNode*←*curNode* 的子节点 *tMust*.get(*idx*);

5. *idx*++;

6. **if** *idx* 等于 |*tMust*|-1 **then** 将节点 *curNode* 中保存的 *ID* 加入 *R*; *flag*←*false*;

引理 7-5 基于 tTrie 的自顶向下的搜索时间复杂度为 $O(\varepsilon)$，其中 ε 为平均搜索节点数。

7.4.2 自底向上的查询

其包括基于基因名数字签名索引（即 sTrie 和 cTrie）和实验条件枚举序

列索引（即 tTrie）的两类查询方法。

7.4.2.1 基于 sTrie 的自底向上 OPSM 约束查询

基于 sTrie 的自底向上 OPSM 约束查询过程（算法 7-7）如下：算法的输入为由约束转化而来的 sig_c 和候选集 ID。对于候选集中的每个 id，首先初始化支持它的分支的个数，并将数字签名中为 1 的位置数字放入链表 rows 中（第 1 行）。如果 id 在 opsmIdTable 中不为空，则取出所有分支末节点（不一定是叶子节点），并以自底向上的方式检验该分支是否符合条件（第 2 行）。对于取出来的每个分支节点，首先进行初始化工作（第 3~4 行）；从该分支节点自底向上遍历（第 5 行），如果节点标号 idx_brc 等于关键词 rows 中的第 idx_key 个元素（第 6 行），若检测到当前节点中的元素为 0，则将标志位 flag 置为 flase，且终止对该分支的遍历，若 rows 没有检测完（idx_key 大于 0），将 idx_key 减少 1（第 6~7 行）。如果节点标号 idx_brc 等于关键词 rows 中的第 idx_key 个元素（第 6 行），则将 idx_brc 减少 1，并将当前节点指向父节点（第 8 行）。在遍历完每一分支后，若 flag 为真，则将支持 id 的分支数目 idBrcCnt 加 1（第 9 行）。在遍历完每一 id 的所有分支后，若其支持数量 idBrcCnt 为 0，则从 ID 中删除（第 10 行）。最后将 ID 加入 R（第 11 行）。

算法 7-7 基于 sTrie 的自底向上 OPSM 约束查询（sTrie-BU）。

输入：由约束转化的数字签名 sig_c，OPSM 候选集 ID; 输出：OPSM ID 列表 R

1. **for** id:ID **do for** $i\leftarrow 0$ to sig_c.length-1 **do if** $sig_c[i]$ 为 1 **then** 将 i 加入 rows;
2. **if** opsmIdTable 中存在 id **then** nodes←opsmIdTable 表 id 单元中的节点；
3.   **for** node:nodes **do** curNodes←node;idx_brc←sig_c.length-1;
4.   idx_key←rows.length-1; flag←true;
5.   **while** curNode 不为 sTrie 的根节点 **do**
6.   **if** idx_brc 等于 rows 中第 idx_key 个元素 **then**
7.   **if** curNode.getgName=0 **then**
8.   flag←false;break;**if** idx_key > 0 **then** idx_key--;
9.   idx_brc--;curNode←curNode 的父节点；
10.   **if** flag **then** IdBrcCnt++;
11.   **if** idBrcCnt=0 **then** 从 ID 中去除 id;
12. 将 ID 中的所有元素加入 R;

例 7-12 基于 sTrie 索引的自底向上查询：给定与例 7-9 相同的关键词

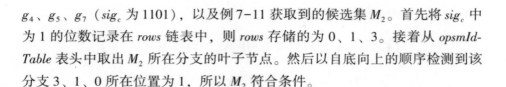

g_4、g_5、g_7（sig_c 为 1101），以及例 7-11 获取到的候选集 M_2。首先将 sig_c 中为 1 的位数记录在 rows 链表中，则 rows 存储的为 0、1、3。接着从 opsmId-Table 表头中取出 M_2 所在分支的叶子节点。然后以自底向上的顺序检测到该分支 3、1、0 所在位置为 1，所以 M_2 符合条件。

7.4.2.2 基于 cTrie 的自底向上 OPSM 约束查询

基于 cTrie 索引的自底向上 OPSM 约束查询（算法 6-8）与算法 7-7 大致相同，不同之处如下：第 3 行中加入判断 rows 中关键词是否用完的标志位 flag_key，并在第 4 行的 while 中判断该标志位；第 5~9 行替换为首先判断当前节点中所存储的位点的左分支是否小于 idx_key。若小于等于 idx_key，则取出当前节点中 idx_key 所对应的位点；接着如果该位点为 0，则将标志位 flag 置为 flase，且终止对该分支的遍历；若 rows 中关键词没有检测完（idx_key 大于 0），将 idx_key 减少 1（第 6~7 行）；若 rows 中关键词已经检测完（idx_key 等于 0），则将标志位 flag_key 置为 flase，且终止对该分支的遍历。如果节点标号 idx_brc_left 小于关键词 rows 中第 idx_key 个元素（第 5 行），则将 idx_brc_left 赋值为 idx_brc_left 减少该节点存储的数字签名位数后的值，并将当前节点指向父节点（第 8~9 行）。

算法 7-8 基于 cTrie 的自底向上 OPSM 约束查询（cTrie-BU）。

输入：由约束转化的数字签名 sig_cOPSM 候选集 ID; 输出：OPSM ID 列表 R
1~4. 同算法 7-7
5. if idx_brc_left<=rows.get(idx_key) then bit←curNode 中基因名 sig 的第 idx_key 位；
6. if bit=0 then flag ← false;break;if idx_key>0 then idx_key--;
7. if idx_key=0 thenflag_key ← false;break;
8. else idx_brc_left←idx_brc_left – curNode 中基因名的长度；
9. curNode←curNode 的父节点；
10~13. 同算法 7-7 的第 8~11 行

例 7-13 基于 cTrie 索引的自底向上查询：给定与例 7-9 相同的关键词 g_4、g_5、g_7（sig_c 为 1101），以及例 7-11 获取到的候选集 M_2。搜索与比对方式同例 7-12 类似，不同之处为本方法是每次获取到的数字签名位数不确定，需要在比对过程中做额外的对齐下标的处理。最后得到的结果同样为 M_2。

引理 7-6 基于 sTrie 与 cTrie 的自底向上的搜索时间复杂度都为 O

(ζb)，其中 ζ 为平均搜索分支数。

7.4.2.3 基于 tTrie 的自底向上 OPSM 约束查询

基于 tTrie 索引的自底向上 OPSM 约束查询过程（算法 7-9）如下：算法的输入为 OPSM 的集合 ID、必须连接和不能连接约束条件。用到的数据为完整的实验条件序列，而非枚举的实验条件序列。原因是能够减少候选集合的元素数目，减轻了后续的验证工作。对于每个由 tTrie 索引得到的 OPSM（第 1 行），如果 opsmIdTable 表头中存在该 id，那么就返回包含该 id 的节点（第 2 行）。对于上述获取到的每个节点，首先获取每个节点为当前节点（第 3 行），接着判断该节点中的列标签是否在不能连接约束中。如果在，那么停止对该分支的遍历。否则，将当前列标签放入最长公共子序列 lcs 中。之后，指向当前节点的父节点，直至遍历到根节点（第 4~6 行）。如果获取到的 lcs 与必须连接约束的反序列的 lcs 的长度大于 1，则将该 id 的 lcs 计数加 1（第 7 行）。对于 lcs 计数为 0 的 id 号，从 ID 中删除，并将 ID 的长度与下标 i 的数值减 1（第 8 行）。最后将 ID 赋值给 OPSM 列表 R，并作为结果返回（第 9 行）。

算法 7-9 基于 tTrie 的自底向上 OPSM 约束查询（tTrie-BU）。

输入：OPSM 候选集 ID, 必须连接 tMust, 不能连接 tNot; 输出：OPSM ID 列表 R

1. **for** $i \leftarrow 0, len \leftarrow ID.length$ to $len-1$ **do**
2. **if** opsmIdTable 中存在 ID[i]) **then** $nodes \leftarrow opsmIdTable$ 获取 ID[i] 中所有节点；
3. **for** $j \leftarrow 0$ to $nodes.size-1$ **do** $curNode \leftarrow nodes$ 的第 j 个元素；
4.   **while** curNode 不为根节点 **do**
5.   **if** tNot 包含 curNode.col **then** break;**else** 将 curNode.col 加入 lcs；
6. $curNode \leftarrow curNode$ 的父节点；
7.   **if** lcs 与 tMust 的反序列的 LCS 长度 > 1 **then** count++;
8. **if** count=0 **then** 从 ID 中去除 ID[i];$--len;--i$;
9. $R \leftarrow ID$;

例 7-14 基于 tTrie 索引的自底向上查询：给定与例 7-11 相同的列关键词 4、5、3（必须连接），1、6（不能连接），以及例 7-9（例 7-10）获取到的候选集 M_2、M_3。首先找到 M_2 所在分支的节点，接着以自底向上的方式比对关键词，依次遍历节点 0、3、5、4、2，其中包括关键词 4、5、3，且没有关键词 1、6，所以 M_2 符合条件。接下来遍历 M_3 所在的分支，由于

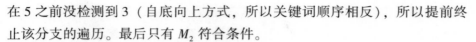

在 5 之前没检测到 3（自底向上方式，所以关键词顺序相反），所以提前终止该分支的遍历。最后只有 M_2 符合条件。

　　引理 7-7　基于 tTrie 的自底向上搜索的时间复杂度为 $O(\omega m)$，其中 ω 为候选分支数，m 为平均分支长度。

7.4.3　性能优化

　　规则 7-1　基于关键词顺序的剪枝：在遍历 sTrie 与 cTrie 的过程中，如果某一位关键词位置为 0，那么此分支中剩下的元素就不必遍历。同样，在遍历 tTrie 的过程中，按照输入的列关键词顺序和相应分支中的元素比对。如果此分支中的元素顺序和关键词顺序不一致，那么此分支中剩下的元素就不必遍历。

　　搜索方法给出相关结果之后，还不能保证结果相关性较高的排在前面。为此，给出了对结果排名用到的标准与定义。

　　定义 7-8　排名：对于符合所有约束的结果，按照每个 M_i 中行列数目和数目约束的接近程度来定义其排名，即越接近数目约束的排名越靠前。其计算方法如式（7-2）所示：

$$R_{M_i} = \left\| \left| M_i^r \right| - \left| C_{cnt}^r \right| \right\|^2 + \left\| \left| M_i^t \right| - \left| C_{cnt}^t \right| \right\|^2 \qquad (7-2)$$

　　例 7-15　利用表 7-2 中的数据和例 7-14 中的查询结果为 M_2。如果还有另一个结果 M_8（$g_4\,g_5\,g_7$：2 4 0 3 6 5），那么根据定义 6-8 有 M_2 排在 M_6 前边，因为 $R_{M_2} = \left| 3-3 \right|^2 + \left| 5-5 \right|^2 = 0$ $R_{M_8} = \left| 3-3 \right|^2 + \left| 6-5 \right|^2 = 1$，$R_{M_2} < R_{M_8}$，则 M_2 排名高。

7.4.4　代价分析

　　代价分析：在 OPSM 约束查询处理中，主要关注的是查询响应时间：

$$T_{response} = T_{search} + \left| C_q \right| \times T_{cst\_test} \qquad (7-3)$$

　　其中，T_{search} 是搜索部分的耗时，T_{cst_test} 是约束型检测所需要的平均时间。在验证部分，剔除候选集 C_q 中的所有假阳性 M_i 需要 $\left| C_q \right| \times T_{cst\_test}$ 时间。通常验证时间占据响应时间式（7-3）的主要部分，主要是因为 $\left| C_q \right|$ 的数目比较庞大，另外对于不同的约束查询，T_{cst_test} 的变化并不明显。因此，

减小约束查询响应时间的关键工作就是最小化候选集 C_q 的大小。如果 OPSM 数据集太大而不能存储于内存的话，T_{search} 将占据查询相应时间的重大部分。

7.5 实验评估

本节主要评估六种方法的有效性与可扩展性：①蛮力搜索法（BF）、②基于 sTrie 的自顶向下与 tTrie 的自底向上相结合的查询方法（GT）、③基于 cTrie 的自顶向下与 tTrie 的自底向上相结合的查询方法（GcT）、④基于 tTrie 的自顶向下与 sTrie 的自底向上相结合的查询方法（TG）、⑤基于 tTrie 的自顶向下与 cTrie 的自底向上相结合的查询方法（TcG）和⑥KiWi①。在实验时，使用真实与生成数据。因为真实数据是真实需求的来源，所以大多数测试是在真实数据上完成的。实验用到机器的软硬环境为 1.87GHz 频率的 CPU、16 GB 的内存、Ubuntu 12.04 系统（实际上是浪潮服务器，分布式并行情况下，可利用的最大节点数为 9）。本章用 Java 语言来实现以上方法，并使用 Eclipse 4.3 来编译运行程序。

数据生成方法：首先从网站②上下载如表 7-3 所示的 6 个数据集；其次利用快速排序法对每一行的表达值排序；再次将每一个表达值替换成对应的列标签，使其变成序列数据（Jiang T 等，2013）；最后利用文献（Jiang T 等，2015a，2015b）中的列模糊查询方法（关键词为相应数据集中所有的列标签，列和行阈值都为 2），生成表 7-4 中的 6 个数据集。枚举序列（特征）见表 7-4。

表 7-3 实验中用到的基因表达数据集

文件名	行数	OPSM	文件名	行数	OPSM
adenoma	12488	D_1	a549	22283	D_2

---

① KiWi Software 1.0，http://www.bcgsc.ca/platform/bioinfo/ge/kiwi/.

② Cancer Program Data Sets（Broad Institute. Datasets. rar and 5q_gct_file. gct），http://www.broad-institute. org/cgi-bin/cancer/datasets. cgi.

续表

文件名	行数	OPSM	文件名	行数	OPSM
5q_GCT_file	22278	D_3	krasla	12422	D_4
bostonlungstatus	12625	D_5	bostonlungsubclasses	12625	D_6

表 7-4　实验中用到的 OPSM 数据集

数据集	行数	特征数	数据集	行数	特征数
D_1	849	673657	D_2	6327	2043972
D_3	4028	1571613	D_4	3034	879653
D_5	2491	437080	D_6	2019	244652

7.5.1　单机性能

第一，我们测试五种方法在表 7-3 与表 7-4 数据集上的性能。五种方法在六种数据集上所消耗的 IO 或者索引创建时间如图 7-5（a）所示，BF 的 IO 在 0.2 秒左右，虽然不大，但是由于其没有索引致使在每次执行查询时这个耗时都是必需的。GT 创建索引耗时在 0.5 秒到 1 秒之间，其压缩索引 GcT 索引耗时也在 0.5 秒到 1 秒之间。TG 创建索引耗时在 0.6 秒到 6 秒之间，其压缩索引 TcG 索引耗时也在 0.8 秒到 6 秒之间。TG 和 TcG 耗时大于 GT 和 GcT 的原因是前者索引的是实验条件的枚举序列（见表 7-4），数据量相对较大，而后者索引的是原始的实验条件序列（见表 7-3），数据量相对较小。TG 与 TcG 索引中用到的特征数据分别来自 6 个 OPSM 数据集合中的实验条件部分，且实验条件的数目由少到多，数据量由大到小次序为 D_2、D_3、D_4、D_5、D_6、D_1。在数据集 D_2 上的枚举时间最长，因为其数据量远远多于其他数据。D_1 数据上的枚举时间最短，因为其数据量远远少于其他数据。其他数据上的枚举时间基本相同，这是因为虽然数据量从大到小的顺序为 D_3、D_4、D_5、D_6，但是列数顺序则恰好相反。五种方法在 6 种数据集上进行同一种查询（3 个 must-link、3 个 cannot-link、2 个 interval 和 2 个 count 约束）所消耗的时间如图 7-5（c）所示，BF 的查询时间在 158~206 毫秒，GT 的查询时间在 36~115 毫秒，GcT 的查询时间略高于 GT，在

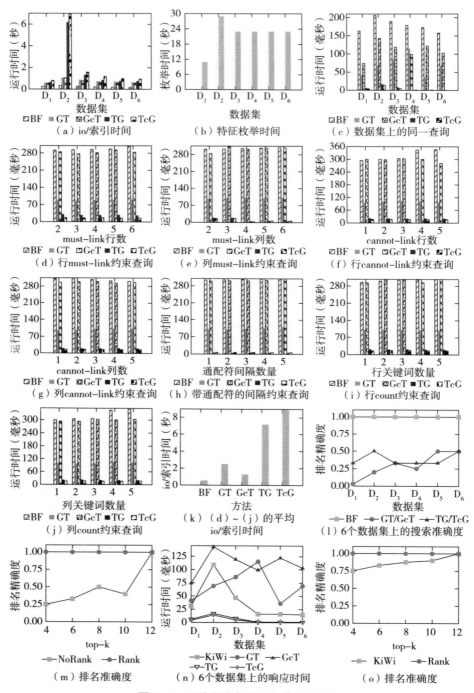

图 7-5　五种方法在单机上的性能评估

74～143 毫秒，TG 与 TcG 的查询耗时基本相同，分别在 1～17 毫秒与 0～14 毫秒。TG 与 TcG 的查询性能要优于另外三种方法，原因是 TG 与 TcG 的定位速度与候选集数目都要小于另外三种方法。

第二，我们进行 must-link 查询的性能评估，其性能如图 7-5（d）和图 7-5（e）所示。当行的 must-link 关键词数目由 2 增加到 6 的过程中，BF 的查询时间由 292 毫秒增加到 308 毫秒，GT 的查询时间由 86 毫秒增加到 92 毫秒，GcT 的查询时间在 277 毫秒到 293 毫秒之间徘徊。GcT 是 GT 的压缩索引，但 GcT 的查询耗时却远大于 GT，基本与 BF 相当。原因是 GcT 失去了 GT 的二分查找特性，基本要将所有分支都遍历一下。TG 的查询时间在 27 毫秒到 31 毫秒之间，TcG 的查询耗时在 16 毫秒到 17 毫秒之间。TG 与 TcG 的性能远远优于 BF、GT 与 GcT。同样，当列的 must-link 关键词数目由 2 增加到 6 的过程中，BF 的查询时间由 302 毫秒增加到 309 毫秒，GT 的查询时间由 97 毫秒增加到 102 毫秒，GcT 的查询时间在 284 毫秒到 312 毫秒之间徘徊。GT 性能优于 GcT 的原因同上。TG 的查询时间在 6 毫秒到 20 毫秒之间，TcG 的查询耗时在 3 毫秒到 17 毫秒之间。同样 TG 与 TcG 的性能远远优于 BF、GT 与 GcT。

第三，我们进行 cannot-link 查询的性能评估，其性能如图 7-5（f）和图 7-5（g）所示。当行的 cannot-link 关键词数目由 1 增加到 5 的过程中，BF 的查询时间由 292 毫秒增加到 308 毫秒，GT 的查询耗时在 96 毫秒到 103 毫秒之间，GcT 的查询时间在 281 毫秒到 303 毫秒之间。TG 的查询时间在 21 毫秒到 23 毫秒之间，TcG 的查询耗时在 16 毫秒到 17 毫秒之间。TG 与 TcG 的性能远远优于 BF、GT 与 GcT。当列的 cannot-link 关键词数目由 1 增加到 5 的过程中，性能和行关键词之上的测试相同，且 TG 与 TcG 的性能远远优于 BF、GT 与 GcT。

第四，我们评估 interval 约束查询中通配符的使用对查询性能的影响，其性能如图 7-5（h）所示。当 interval 约束中通配符的数目由 1 增加到 5 的过程中，BF 的查询时间由 304 毫秒增加到 310 毫秒，原因是通配符越多，则需要扫描的数据较多，进而响应时间也较长；GT 的查询耗时由 100 毫秒增加至 110 毫秒，GcT 的查询时间由 300 毫秒到 310 毫秒。TG 的查询时间在 5 毫秒到 7 毫秒之间，TcG 的查询耗时维持在 7 毫秒。同样，TG 与 TcG 的性能远远优于 BF、GT 与 GcT。

第五，我们评估 count 约束查询中行列 count 的多少对查询性能的影响，其性能如图 7-5（i）和图 7-5（j）所示。当行 count 由 1 增加到 5 的过程中，BF 的查询时间由 295 毫秒增加到 307 毫秒，GT 的查询耗时在 100 毫秒至 102 毫秒，GcT 的查询时间由 293 毫秒到 307 毫秒。TG 的查询时间在 21 毫秒到 22 毫秒之间，TcG 的查询耗时维持在 16 毫秒到 17 毫秒。

图 7-5（k）展示了上述四种约束查询之前扫描数据或者对数据进行索引的耗时。BF 扫描一遍数据所需要的平均时间约为 0.6 秒，但是每次查询都要扫描数据。假如数据量非常庞大的话，此部分耗时会急剧增长，所以此方法不可取。GT 方法在 0/1 数字签名与实验条件枚举序列数据上建立索引所消耗的平均时间约为 2.54 秒，实验条件枚举序列是对最大长度为 4 的特征进行索引所耗费的时间。如果全部长度的特征都要索引的话，所需耗时会更长。GcT 索引没有单节点分支，即每个节点存储较多数据使开辟新节点个数更少，所以耗时约为 GT 的一半（1.3 秒）。TG 和 TcG 索引的数据同为原始实验条件序列与 0/1 数字签名序列，两者耗时基本相同，分别为 7.2 秒与 8.9 秒。

第六，我们评估所提出方法的准确性。图 7-5（l）展示了 BF、GT、GcT、TG 和 TcG 五种方法在 6 种不同数据集上执行同一查询所返回候选集的准确度。GT 和 GcT 方法在 6 种数据集上的准确度由 0.03 增加到 0.5，TG 和 TcG 方法则维持在 0.33 和 0.5 之间，而 BF 方法则一直为 1。这是因为 BF 方法对每个 OPSM 利用四种约束进行搜索，所以搜索到的结果都是正确的，而另外四种方法是没有完全利用四种约束做搜索，剩余的约束在后续验证中才用到。图 7-5（m）给出了 ES 和 CQ 两种方法在有无利用排名技术的情况下所返回最终结果排名的准确度。由于前者（没有利用排名技术）返回的结果是随机排列的，而后者（利用排名技术）将最重要的首先返回，所以后者对最终结果的排名更为准确。

第七，我们比较文献 Gao B J 等（2006）和 Gao B J 等（2012）中的 KiWi 方法（代码下载地址①）与本章所提出所有方法在时间效率和准确度方面的性能。图 7-5（n）展示了 KiWi 和 GT 等五种方法在六种数据集上执行同一查询的运行时间。KiWi 在 D_2 数据集上的运行时间最长（109 毫秒），在 D_3 和 D_1 数据集上的运行时间稍短（分别为 47 毫秒和 31 毫秒），在 D_4、D_5 和 D_6 数据集上的运行时间最短（基本为 16 毫秒）。同样，TG 和 TcG 在

---

① KiWi Software 1.0. http://www.bcgsc.ca/platform/bioinfo/ge/kiwi/.

D_2 数据集上的运行时间最长（17 毫秒和 14 毫秒），在 D_3 和 D_1 数据集上的运行时间稍短（7 毫秒），在 D_4、D_5 和 D_6 数据集上的运行时间最短（1 毫秒）。GcT 的趋势稍有不同，在 D_2 数据集上的运行时间最长（143 毫秒），在 D_3 和 D_5 数据集上的运行时间稍短（120 毫秒），在 D_4 和 D_5 数据集上的运行时间更短些（100 毫秒），在 D_1 数据集上的运行时间最短（74 毫秒）。GT 的趋势则有大的不同，在 D_4 数据集上的运行时间最长（115 毫秒），在 D_3 数据集上的运行时间稍短（86 毫秒），在 D_2 和 D_6 数据集上的运行时间更短些（69 毫秒），在 D_1 和 D_5 数据集上的运行时间最短（40 毫秒）。图 7-5（o）给出了 KiWi 和 Rank 两种方法在前 k 个结果中的准确度。在 top-k 中的 k 由 4 增加到 12 过程中，KiWi 所返回结果的准确度由 0.75 逐步增加到 1，且接近于 Rank 的准确度 1。因为前者首先返回列长的结果再返回行多的结果，而后者要综合考虑行和列的数目，先返回行和列数目相对较多的再返回较少的。

7.5.2　并行性能

上节已经验证了五种方法在单机上的性能，本节将测试五种方法在分布式并行平台下（包括 1 个 master 节点、8 个 slave 节点）的表现。图 7-6（a）给出了 BF、GT、GcT、TG 和 TcG 五种方法执行同样的约束查询（3 个 must-link、3 个 cannot-link、2 个 interval 和 2 个 count 约束）在 6 种数据集上的运行时间。BF 在 D_2 数据集上的运行时间最长（117 毫秒），原因是 D_2 数据集中的行数是最多的。D_3、D_4 和 D_5 数据集上的查询时间随着行数的减少而减少。D_1 数据集的行数是最少的，但是其上的查询时间却排名前三位，原因

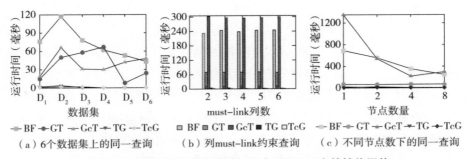

图 7-6　三种方法在分布式并行平台 Hadoop 上的性能评估

是行所拥有的数据量远多于其他数据集。GT 方法基本与 BF 类似，但是在 D_5 和 D_6 数据集上例外。同样，GcT 方法基本与 BF 类似，但是在 D_3 和 D_4 数据集上例外。TG 和 TcG 两种方法运行速度很快，最长耗时为 4 毫秒，最短耗时为 0 毫秒。此实验证明了五种方法在不同数据集上执行查询的可扩展性。TG 和 TcG 方法的查询性能最好，因为索引的结合顺序减少了候选集数目、缩短了查询时间。为了更清晰的五种约束型查询方法在分布式并行平台下的运行性能，表 7-5 和表 7-6 中分别给出了在 6 个数据集上的同一查询下的运行时间、不同节点数下的同一查询的具体查询时间。

表 7-5　图 7-6（a）中具体运行时间　　　　　　单位：毫秒

	D_1	D_2	D_3	D_4	D_5	D_6
BF	76	117	78	62	53	43
GT	15	50	58	67	8	24
GcT	19	66	31	30	42	48
TG	2	4	1	0	0	0
TcG	1	2	2	0	0	0

表 7-6　图 7-6（c）中具体运行时间　　　　　　单位：毫秒

	1	2	4	8
BF	690	557	353	244
GT	66	64	68	70
GcT	1347	540	216	296
TG	9	21	8	5
TcG	21	10	4	3

图 7-6（b）展示了 BF、GT、GcT、TG 和 TcG 五种方法在 18748 行数据上执行不同的列 must-link 关键词而其他关键词约束相同的查询所消耗的时间。BF 方法最小运行时间为 232 毫秒、最大运行时间为 245 毫秒，基本上符合随着关键词的增加查询时间在增长的预测。GT 方法受关键词影响较小，基本上稳定在 70 毫秒。虽然 GcT 方法只是对 GT 方法索引做了压缩，但是其失去了 GT 方法遍历优势，所以非常耗时，甚至超过了 BF 方法。由于 TG 和 TcG 方法具有对候选集的良好过滤能力，所以两者的查询时间基本

维持在 3 毫秒左右。此实验证明了五种方法在不同数目的关键词下执行查询的可扩展性。

最后验证 BF、GT、GcT、TG 和 TcG 五种方法在不同集群节点（1、2、4、8 个节点）上执行同一种约束查询的可扩展性。随着节点（机器）数目的增加，见图 7-6（c），BF 方法的查询时间由 690 毫秒减少到 244 毫秒，性能提高了将近 3 倍；GT 方法的查询时间基本维持在 64~70 毫秒；GcT 方法的查询时间由 1347 毫秒减少到 216 毫秒，性能提高了 6 倍以上；TG 方法的查询时间由 21 毫秒减少到 5 毫秒，性能提高了 4 倍以上；TcG 方法的查询时间由 21 毫秒减少到 3 毫秒，性能提高了 7 倍。此实验说明 BF、GT、GcT、TG 和 TcG 五种方法随着节点的增长都具备良好的可扩展性。

7.6　相关工作

本节主要回顾和分析与约束型查询有关的文献。主要分为三类：①基于定量和定性测度的子空间聚类。②基于查询的双聚类。③约束型双聚类。对每一类工作只做简单介绍，更详细的描述请查阅 Sim 等的综述，如 Sim K 等（2013）、Madeira S C 等（2004）、Jiang D 等（2004a）、Kriegel H P 等（2009）和岳峰等（2008）。

7.6.1　基于定量和定性测度的子空间聚类

双聚类的概念最初由 Hartigan（1972）提出，其作为对矩阵中的行与列同时聚类的一种方法，并将其命名为 Direct 聚类。Cheng 和 Church（2000）提出了基因表达数据的双聚类，并引入了元素残差以及子矩阵的均方残差 MSR 的概念。其提出一种贪婪方法。首先将整个数据矩阵作为初始化数据；其次删除元素残差或者均方残差最大元素或者行列，依次递归下去直到剩余矩阵的 MSR 低于某个阈值；最后增加部分元素或者行列，保证所得矩阵的 MSR 也低于该阈值。该方法效率较低，因为一次只能挖掘一个双聚类。Ben-Dor（2002，2003）介绍了一种特殊的双聚类模型 OPSM，并证明了其是 NP 难问题。随后研究者们提出了基于定量测度和定性测度的 OPSM 挖掘方法。数值测度包括均方残差 MSR（Cheng Y 等，2000）、平均相关值 ACV（Ayadi W 等，2012）、平均斯皮尔曼秩相关系数 ASR（Ayadi W 等，2012）、平均一致性相关指数 ACSI（Ayadi W 等，2012）等。定性测度包括上升、下降和无变化（Chui C K 等，2008；Fang Q 等，2010）。

（1）基于定量测度的 OPSM 挖掘方法。基于 Cheng 等（2000）提出的 δ-bicluster 模型，Yang 等（2002）为减少数据缺失值的影响，给出一种 δ-cluster 模型。Cho 等（2004）介绍了两种与 MSR 相似的平方残差测度，同时提出两种有效的基于 k-means 的双聚类算法。Divina 等（2006）给出一种基于进化计算的双向聚类方法，用来发现尺寸较大、重叠较少且 MSR 小于某阈值的双聚类。Deodhar 等（2009）提出一种鲁棒的有重叠的双聚类方法 ROCC，其能有效地从大量的含有噪声的数据中挖掘出稠密的、任意位置的有覆盖的聚类。Cho 等（2010）给出了数据转换的方法，来解决现有的平方残差和测度方法只能有效地挖掘出在数值上具有偏移的双聚类，却不能很好地解决在数值上有缩放的双聚类问题。Odibat 等（2011）发现现有方法并不能有效地挖掘矩阵数据中任意位置有重叠的双聚类，提出了确定性双聚类算法，该算法可以有效地发现正负相关的任意位置上有重叠的双聚类。Ayadi 等（2012）利用平均一致性相关指数 ACSI 来评估相干双聚类，并利用有向无环图组建这些双聚类。Truong 等（2013）提出一种算法，用来生成若干个覆盖度小于阈值的双聚类，一定程度上能发现无冗余的双聚类。Ayadi 等（2014）给出模因双聚类算法 MBA，来发现生物学意义上的重要的负相关双聚类。Chen 等（2014）利用最小均方错误 MMSE 测度来鉴别所有类型的线性模式（偏移、缩放、偏移与缩放联合模式）。Denitto 等（2015）利用 Max-Sum 测度来提升双聚类的质量。

（2）基于定性测度的 OPSM 挖掘方法。Wang 等（2002）提出并设计基于 pScore 测度和 pCluster 模型的方法，来挖掘具有相似升降趋势的模式。Liu 等（2003）通过寻找在部分维度下表达值排序相同的基因等对象来挖掘 OPSM。Wang 等（2005）给出一种基于最近邻的新的测度方法来挖掘相似模式。Kriegel 等（2005）提出一种局部密度阈值的 OPSM 挖掘方法，试图改变现有的基于全局密度阈值的方法并不能适用于每个 OPSM 的现状。Jiang 等（2005）给出一种质量驱动的 top-k 模式挖掘方法，来提升发现的有重叠的 OPSM 的质量。Gao 等（2006，2012）提出一种 KiWi 框架，其利用 k 和 w 两个参数来约束计算资源和搜索空间。Zhang 等（2007）发现，现有的方法都假设基因表达数据是同质的，给出了称为 F-cluster 的模型来挖掘异质数据中的相干模式。闫雷鸣等（2008）为挖掘非线性相关的模式，设计了适用于时序基因表达数据的联合聚类方法 MI-TSB。Zhang 等（2008）提出了一种近似保序聚类模型 AOPC 来减少数据中噪声的影响。Chui 等（2008）和 Yip 等（2013）利用多份数据模型 OPSM-RM 来消除数据噪声的影响。Zhao 等（2008）提出一种最大化子空间聚类算法，来挖掘具有正相关和负相关的共调控基因聚类。Trapp 等（2010）为挖掘最优 OPSM，给出一种基于线性规划的挖掘方法。Fang 等（2010）为挖掘放松的 OPSM，提出包含以行或列为中心的 OPSM-Growth 方法。随后，Fang 等（2012，2014）提出基于桶和概率的方法，挖掘出放松的 OPSM。安平（2013）利用互信息和核密度进行双聚类。Cho 等（2015）给出了一种基于坏字符规则的 KMP 算法，试图快速匹配保序模式。

7.6.2 基于查询的双聚类

该方法来自生物信息领域（Zou Q 等，2014；邹权等，2010；陈伟等，2014；Zou Q 等，2015），应用对象是基因表达数据。首先由用户根据经验来提供功能相关或共表达的种子基因，其次利用该种子对搜索空间剪枝或双聚类进行指导。为了使现有挖掘方法能利用先验知识并回答指定的问题，Dhollander 等（2007）提出基于贝叶斯的查询驱动的双聚类方法 QDB。同时给出一种基于实验条件列表的联合方法来实现关键词的多样性并免除必须事先定义阈值等问题。随后，Zhao 等（2011）对 QDB 方法进行了改进，提出了 ProBic 方法。虽然二者在概念上相似，但是也有不同之处。QDB 方法利用概率关系模型扩展贝叶斯框架，并用基于期望最大化的直接指定方法来学习该概率模型。Alqadah 等（2012）提出一种利用低方差和形式概念分析优势相组合的方法，来发现在部分实验条件下具有相同表达趋势的基因。为了便于 OPSM 的查询，Jiang 等（2015a）提出了带有行列表头的前缀树索引 pIndex，同时给出四种 OPSM 查询方法。

7.6.3 约束型双聚类

目前该问题的相关研究相对较少，其是一种挖掘与分析基因表达数据的新方法。Pensa 等（2006，2008a）提出一种从局部到整体的方法来建立间隔约束的二分分区，该方法是通过扩展从 0/1 数据集中提取出来的一些局部模式来实现的。基本思想是将间隔约束转换成一个放松的局部模式，接着利用 k 均值算法来获得一个局部模式的分区，最后对上述分区做后续处理来确定数据之上的协同聚类结构。随后，Pensa 等（2008b）对工作（Pensa R G 等，2006，2008a）进行了扩展，主要的不同点有：①作者同时在行列之上应用目标函数来评价双聚类的好坏。②新工作（Pensa R G 等，2008b）将工作（Pensa R G 等，2006，2008a）中的数据从 0/1 矩阵扩展到了实数数据。③提升了 must－link 与 cannot－link 两类约束在行列之上的处理性能。Tseng 等（2008）提出基于相关约束完整链接的约束型双聚类方法。

7.7　小结

针对基因表达数据中保序子矩阵的约束查询问题，提出了适用于不同情形的索引和查询方法，即提出基于数字签名和 *Trie* 的基因序列与实验条件序列索引方法，以及自顶向下与自底向上相结合的查询方法。索引方法大大减少了索引的数据量并提升了索引速度；查询方法方便了不同类型的查询目的，且提升了查询性能。在真实数据集上的实验结果证明了所提出方法具有很好的查询精确性和良好的可扩展性。

8 总结与展望

局部模式挖掘、索引与查询是基因表达数据管理的关键技术。本书对基因表达数据中局部模式的挖掘、索引与查询方法与技术进行了深入的研究，研究内容主要包括：数据密集型计算环境下局部模式挖掘过程中减少数据交互量的方法、基于关键词的局部模式的索引与查询方法和基于领域知识约束的局部模式的挖掘与搜索方法等。

8.1 工作总结

本书的主要工作与研究成果如下：

（1）基因微阵列是实验分子生物学中的一个重要突破，其使研究者可以同时监测多个基因在多个实验条件下的表达水平的变化，进而为发现基因协同表达网络、研制药物、预防疾病等提供技术支持。研究者们提出了大量的聚类算法来分析基因表达数据，但是标准的聚类算法（单向聚类）只能发现少量的知识。因为基因不可能在所有实验条件下共表达，也不可能展示出相同的表达水平，但是可能参与多种遗传通路。在这种情况下，双聚类方法应运而生。这样就将基因表达数据的分析从整体模式转向局部模式，从而改变了只根据数据的全部对象或属性将数据聚类的局面。主要从局部模式的定义、局部模式类型与标准、局部模式的挖掘与查询等方面进行了梳理。介绍了基因表达数据中局部模式挖掘当前的研究现状与进展，详细总结了基于定量和定性的局部模式挖掘标准以及相关的挖掘系统，分析了存在的问题，并深入探讨了未来的研究方向。

（2）为了快速挖掘基因表达数据中的保序子矩阵（OPSM），提出了基于蝶形网络的基因表达数据的并行分割与挖掘方法。该方法弥补了 Apache

Hama 系统的处理框架 BSP 的不足，减少了信息传递量，加速了处理速度。主要内容包括：①分析了在 MapReduce 和 Hama BSP 处理框架上实现的 OPSM 挖掘方法的优缺点。②为了减少通信时间与网络带宽，对 Hama BSP 框架进行了扩展，设计了基于蝶形网络的 Hama BSP 框架 BNHB。为了减少分析结果的冗余度，提出了基于分布式哈希表的去冗余策略。③实现了一种现有的 OPSM 挖掘方法和基于蝶形网络的 Hama BSP 处理框架（BNHB）。在单机、Hama BSP 和 BNHB 三种平台之上验证了所提出方法的有效性与可扩展性。

（3）研究了基于关键词的局部模式索引与查询方法。主要内容包括：①提出一种基于前缀树的基本方法 pfTree 和一种名为 pIndex 的带有行列两个表头的优化方法。②提出了索引更新（插入和删除）和查询方法。同时提出名为 FIT 的关键词候选集数目精简方法以及为提升查询性能的若干种剪枝方法。③在单机、Hadoop 和 Hama 三种平台之上验证了所提出方法的有效性与可扩展性。证明了 pIndex 在处理代价和可扩展性方面的性能优于 pfTree。

（4）设计和实现了基于蝶形网络和带有行列表头的前缀树索引的 OPSM 并行挖掘、索引与搜索系统原型 OMEGA。OMEGA 的主要特点如下：①OMEGA 提供了一个基于蝶形网络的 OPSM 并行挖掘框架。现有的 OPSM 批量挖掘方法仅能利用单机来工作，但是 OMEGA 支持多机器来进行 OPSM 的挖掘。②OMEGA 支持 OPSM 的索引与查询。首先，该工具基于带有行列表头的前缀树来创建索引。其次，基于行列关键词来处理 OPSM 的查询。同时，其保存重要的查询结果为后续查询所用。演示也证明了 OMEGA 能提高 OPSM 批量挖掘与查询的性能。

（5）研究了基于领域知识约束的局部模式的挖掘与搜索方法与技术。主要内容包括：①提出了基于枚举序列索引的查询方法，其大大提升了 OPSM 的查询性能。②提出了多维联合查询方法，其不仅减少了需要索引的数据量而且提升了 OPSM 的查询性能。③提出基于数字签名和 Trie 的基因序列与实验条件序列索引方法。其中包括数字签名位数的计算方法、0/1 Trie 的分支/节点的压缩方法以及表头的创建方法。④提出自顶向下与自底向上相结合的查询方法，其能保证不同情况下的查询效率。

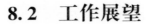

8.2　工作展望

本书工作尽管实现了一些研究突破，但是在一些方面仍需要进一步的思考和拓展。本书认为在局部模式挖掘、索引与检索领域，还有如下三方面可以进行尝试与探索：

（1）现有的局部模式挖掘大多数是针对单机而设计的，且无论从挖掘结果的数量还是效率上都很难令人满意。目前云计算等分布式并行计算环境正在如火如荼的发展中，给基因表达数据等生物信息挖掘提供了有利的平台。然而，现有方法还不能简单地移植到新的环境中，亟待设计与实现新的计算与通信框架来提高计算的效率与保证计算结果的完整性。

（2）现有的大多数方法关注的是局部模式的批量挖掘，且挖掘出的大量结果很难得到有效的利用。研究与实践表明，基于索引与查询等数据管理和检索技术能够从海量数据中有效地提取想要的信息，且能在很大程度上提高结果的利用效率以及检索结果的相关度。

（3）已有局部模式挖掘方法没有做到领域知识的抽取与有效利用。文献中存在大量的来自不同专家的领域知识，其若被有效地提取出来，将从本质上改变缺乏先验知识的现状。另外，现有的爬虫技术与知识抽取方法并不一定适用于本书研究，所以还需要进一步的优化与扩充。从上述分析中可以看出，我们有必要研究新的数据挖掘与管理方法来对基因之间相互作用的情况进行研究，进一步为生物医学探索提供关键的引导性知识。

随着高通量测序技术的大规模应用推广、大数据应用的兴起和数据密集型等大规模计算平台的普及，局部模式的挖掘、索引与查询方法必将得到更为广泛的关注，同时也将面临新的未知的挑战，需要科研工作者结合业界的动态不断地探索研究。

参考文献

［1］Abdullah A, Hussain A. A new biclustering technique based on crossing minimization ［J］. Neurocomputing, 2006, 69 (16): 1882-1896.

［2］Alqadah F, Bader J S, Anand R, Reddy C K. Query-based biclustering using formal concept analysis ［C］. In: Proc. of the 12th SIAM International Conference on Data Mining (SDM), SIAM Press, 2012: 648-659.

［3］Ayadi W, Elloumi M, Hao Jinkao. A biclustering algorithm based on a bicluster enumeration tree: Application to DNA microarray data ［J］. BioData Mining, 2009, 2 (1): 1-16.

［4］Ayadi W, Elloumi M, Hao J K. BicFinder: a biclustering algorithm for microarray data analysis ［J］. Knowledge and Information Systems, 2012, 30 (2): 341-358.

［5］Ayadi W, Hao J K. A memetic algorithm for discovering negative correlation biclusters of DNA microarray data ［J］. Neurocomputing, 2014, 145: 14-22.

［6］Barkow S, Bleuler S, Prelic A, Zimmermann P, Zitzler E. BicAT: A biclustering analysis toolbox ［J］. Bioinformatics, 2006, 22 (10): 1282-1283.

［7］Ben-Dor A, Chor B, Karp R, Yakhini Z. Discovering local structure in gene expression data: the order-preserving submatrix problem ［C］. In: Proc. of the 6th annual international conference on Computational Biology (RECOMB), ACM Press, 2002: 49-57.

［8］Ben-Dor A, Chor B, Karp R, Yakhini Z. Discovering local structure in gene expression data: the order-preserving submatrix problem ［J］. Journal of Computational Biology, 2003, 10 (3/4): 373-384.

［9］Bergmann S, Ihmels J, Barkai N. Iterative signature algorithm for the analysis of large-scale gene expression data ［J］. Physical Review E, 2003, 67

（3）：031902.

[10] Bhattacharya A, De R K. Bi-correlation clustering algorithm for determining a set of co-regulated genes [J]. Bioinformatics, 2009, 25 (21): 2795-2801.

[11] Boyer R S, Moore J S. A fast string searching algorithm [J]. Communications of the ACM, 1977, 20 (10): 762-772.

[12] Bruner ML, Lackner M. A fast algorithm for permutation pattern matching based on alternating runs [M]. Algorithm Theory-SWAT 2012, Springer Berlin Heidelberg, 2012: 261-270.

[13] Cheng Y, Church G M. Biclustering of expression data [C]. In: Proc. of the 8th International Conference on Intelligent Systems for Molecular Biology (ISMB), AAAI Press, 2000: 93-103.

[14] Chen H C, Zou W, Tien Y J, Chen J J. Identification of bicluster regions in a binary matrix and its applications [J]. PloS One, 2013, 8 (8): e71680.

[15] Chen J R, Chang Y I. An up-down bit pattern approach to coregulated and negative-coregulated gene clustering of microarray data [J]. Journal of Computational Biology (JCB), 2011, 18 (12): 1777-1791.

[16] Chen S, Liu J, Zeng T. MMSE: A generalized coherence measure for identifying linear patterns [C]. In: Proc. of the IEEE International Conference on Bioinformatics and Biomedicine (BIBM), IEEE Press, 2014: 489-492.

[17] Cho H, Dhillon I S, Guan Y, Sra S. Coclustering of Human Cancer Microarrays Using Minimum Sum-Squared Residue Coclustering [C]. IEEE/ACM Transactions on Computational Biology and Bioinformatics (TCBB), 2008, 5 (3): 385-400.

[18] Cho H, Dhillon I S, Guan Y, Sra S. Minimum sum-squared residue co-clustering of gene expression data [C]. In: Proc. of the 12th SIAM International Conference on Data Mining (SDM), SIAM Press, 2004: 114-125.

[19] Cho H. Data transformation for sum squared residue [C]. In: Proc. of the 14th Pacific-Asia Conference on Advances in Knowledge Discovery and Data Mining (PAKDD), Springer Berlin Heidelberg Press, 2010: 48-55.

[20] Cho S, Na J C, Park K, Sim J S. A fast algorithm for order-preserving pattern matching [J]. Information Processing Letters, 2015, 115 (2):

397-402.

[21] Chui C K, Kao B, Yip K Y, Lee SD. Mining order-preserving submatrices from data with repeated measurements [C]. In: Proc. of the 8th IEEE International Conference on Data Mining (ICDM), IEEE Press, 2008: 133-142.

[22] Crochemore M, Iliopoulos C S, Kociumaka T, et al. Order-preserving incomplete suffix trees and order-preserving indexes [C]. In: Proc. of the 20th International Symposium on String Processing and Information Retrieval, Springer International Publishing, 2013: 84-95.

[23] Dean J, Ghemawat S. MapReduce: simplified data processing on large clusters [C]. In: Proceedings of the 6th Symposium on Operating System Design and Implementation (OSDI), San Francisco, California, USA, December 6-8, 2004: 137-150.

[24] Denitto M, Farinelli A, Bicego M. Biclustering gene expressions using factor graphs and the max-sum algorithm [C]. In: Proc. of the 24th International Conference on Artificial Intelligence (IJCAI), AAAI Press, 2015: 925-931.

[25] Deodhar M, Gupta G, Ghosh J, Cho H, Dhillon IS. A scalable framework for discovering coherent co-clusters in noisy data [C]. In: Proc. of the 26th Annual International Conference on Machine Learning (ICML), ACM Press, 2009: 241-248.

[26] Dhollander T, Sheng Q Z, Lemmens K, Moor B D, Marchal K, Moreau Y. Query-driven module discovery in microarray data [J]. Bioinformatics, 2007, 23 (19): 2573-2580.

[27] Ding L, Xin J, Wang G, Huang S. ComMapReduce: An improvement of MapReduce with lightweight communication mechanisms [C]. In: Proc. of the 17th International Conference on Database Systems for Advanced Applications (DASFAA), Springer Berlin Heidelberg Press, 2012: Part II, 150-168.

[28] Divina F, Aguilar-Ruiz J S. Biclustering of expression data with evolutionary computation [J]. IEEE Transactions on Knowledge and Data Engineering, 2006, 18 (5): 590-602.

[29] Donald E K. The art of computer programming [J]. Sorting and searching, 1999, 3: 426-458.

[30] Eltabakh M Y, Tian Y, Özcan F, Gemulla R, Krettek A, McPher-

son J. CoHadoop: flexible data placement and its exploitation in Hadoop [J]. In: Proceedings of the VLDB Endowment, 2011, 4 (9): 575-585.

[31] Eren K, Deveci M, Küçüktunç O, et al. A comparative analysis of biclustering algorithms for gene expression data [J]. Briefings in bioinformatics, 2013, 14 (3): 279-292.

[32] Fang Q, Ng W, Feng J, Li Y. Mining bucket order – preserving submatrices in gene expression data [J]. IEEE Transactions on Knowledge and Data Engineering, 2012, 24 (12): 2218-2231.

[33] Fang Q, Ng W, Feng J, Li Y. Mining order-preserving submatrices from probabilistic matrices [J]. ACM Transactions on Database Systems (TODS), 2014, 39 (1): 6.

[34] Fang Q, Ng W, Feng J. Discovering significant relaxed order-preserving submatrices [C]. In: Proc. of 16th ACM SIGKDD International Conference on Knowledge Discovery and Data Mining, ACM Press, 2010: 433-442.

[35] Feldmann R, Unger W. The cube-connected cycles network is a subgraph of the butterfly network [J]. Parallel Processing Letters, 1992, 2 (1): 13-19.

[36] Frey B J, Dueck D. Clustering by passing messages between data points [J]. Science, 2007, 315 (5814): 972-976.

[37] Gao B J, Griffith O L, Ester M, Jones S J M. Discovering significant OPSM subspace clusters in massive gene expression data [C]. In: Proc. of the 12th ACM SIGKDD International Conference on Knowledge Discovery and Data Mining (SIGKDD), ACM Press, 2006: 922-928.

[38] Gao B J, Griffith OL, Ester M, Xiong H, Zhao Q, Jones S J M. On the deep order-preserving submatrix problem: a best effort approach [J]. IEEE Transactions on Knowledge and Data Engineering, 2012, 24 (2): 309-325.

[39] Hartigan J A. Direct clustering of a data matrix [J]. Journal of the American Statistical Association, 1972, 67 (337): 123-129.

[40] Helmer S, Moerkotte G. Evaluation of main memory join algorithm for joins with subset join predicates [C]. In: Proc. of the 23rd International Conference on Very Large Database (VLDB), ACM Press, 1997: 386-395.

[41] Henriques R, Madeira S C. BicSPAM: flexible biclustering using se-

quential patterns [J]. BMC Bioinformatics, 2014, 15: 130.

[42] Hochbaum DS, Levin A. Approximation algorithms for a minimization variant of the order-preserving submatrices and for biclustering problems [J]. ACM Transactions on Algorithms (TOA), 2013, 9 (2): 19.

[43] Hochreiter S, Bodenhofer U, Heusel M, et al. FABIA: factor analysis for bicluster acquisition [J]. Bioinformatics, 2010, 26 (12): 1520-1527.

[44] Humrich J, Gärtner T, Garriga G C. A fixed parameter tractable integer program for finding the maximum order preserving submatrix [C]. 2011 IEEE 11th International Conference on Data Mining (ICDM), IEEE, 2011: 1098-1103.

[45] Jiang D, Pei J, Zang A. A general approach to mining quality pattern-based clusters from microarray data [C]. In: Proc. of the 10th International Conference on Database Systems for Advanced Applications (DASFAA). Springer Press, 2005: 188-200.

[46] Jiang D, Pei J, Zhang A. GPX: interactive mining of gene expression data [C]. In: Proceedings of the 30th international conference on Very large data bases-Volume 30. VLDB Endowment, 2004b: 1249-1252.

[47] Jiang D, Tang C, Zhang A D. Cluster analysis for gene expression data: a survey [J]. IEEE Transactions on Knowledge and Data Engineering, 2004a, 16 (11): 1370-1386.

[48] Jiang T, Li Z, Chen Q, Li K, Wang Z, Pan W. Towards order-preserving submatrix search and indexing [C]. In: Proc. of the 20th International Conference on Database Systems for Advanced Applications (DASFAA), Springer Berlin Heidelberg Press, 2015a: Part Ⅱ, 309-326.

[49] Jiang T, Li Z, Chen Q, Wang Z, Li K, Pan W. OMEGA: an order-preserving submatrix mining, indexing and search [C]. In: Proc. of the European Conference on Machine Learning and Principles and Practice of Knowledge Discovery in Databases (ECML/PKDD). Springer Berlin Heidelberg Press, 2015b: Part Ⅲ, 303-307.

[50] Jiang T, Li Z, Chen Q, Wang Z, Li K, Wang Z. Parallel partitioning and mining gene expression data with butterfly network [C]. In: Proc. of the 24th International Conference on Database and Expert Systems Applications (DEXA), Springer Berlin Heidelberg Press, 2013: Part I, 129-144.

［51］Jiang T, Li Z, Shang X, et al. Constrained query of order- preserving submatrix in gene expression data ［J］. Frontiers of Computer Science, 2016a, 10 (6): 1052–1066.

［52］Ji L, Mock K W L, Tan K L. Quick hierarchical biclustering on microarray gene expression data ［C］. In: Proceedings of the 6th IEEE International Symposium on BioInformatics and BioEngineering (BIBE), 2006: 110–120.

［53］Ji L, Tan K L, Tung A K H. Compressed hierarchical mining of frequent closed patterns from dense data sets ［J］. IEEE Transactions on Knowledge and Data Engineering, 2007, 19 (9): 1175–1187.

［54］Ji L, Tan K L. Identifying time−lagged gene clusters using gene expression data ［J］. Bioinformatics, 2005, 21 (4): 509–516.

［55］Ji L, Tan K L. Mining gene expression data for positive and negative co−regulated gene clusters ［J］. Bioinformatics, 2004, 20 (16): 2711–2718.

［56］Joung J G, Kim S J, Shin S Y, et al. A probabilistic coevolutionary biclustering algorithm for discovering coherent patterns in gene expression dataset ［J］. BMC bioinformatics, 2012, 13 (Suppl 17): S12.

［57］Kang U, Tsourakakis C E, Faloutsos C. Pegasus: A peta−scale graph mining system implementation and observations ［C］. In: Proc. of the 9th IEEE International Conference on Data Mining (ICDM), IEEE, 2009: 229–238.

［58］Kim J, Eades P, Fleischer R, Hong S H, Iliopoulos C S, Park K, Puglisi S J, Tokuyama T. Order−preserving matching ［J］. Theoretical Computer Science, 2014, 525: 68–79.

［59］Knuth D E, Morris, Jr J H, Pratt V R. Fast pattern matching in strings ［J］. SIAM journal on computing, 1977, 6 (2): 323–350.

［60］Kriegel H P, Kroger P, Renz M, Wurst S H R. A generic framework for efficient subspace clustering of high−dimensional Data ［C］. In: Proc. of the 5th IEEE International Conference on Data Mining (ICDM), IEEE Press, 2005, 250–257.

［61］Kriegel H P, Kroger P, Zimek A. Clustering of high−dimensional data: a survey on subspace clustering, pattern−based clustering, and correlation clustering ［J］. ACM Transactions on Knowledge Discovery Data, 2009, 3 (1): 1–58.

［62］Kuang Q, Zhang M, Ma Z, Ma B, Liu Z, Xue Y. An algorithm for discovering deep order preserving submatrix in gene expression data［C］. In: Proc. of the 2015 IEEE International Conference on Bioinformatics and Biomedicine（BIBM）, 2015: 1678-1683.

［63］Lee M, Shen H, Huang J Z, Marron J S. Biclustering via sparse singular value decomposition［J］. Biometrics, 2010, 66（4）: 1087-1095.

［64］Li G, Ma Q, Tang H, et al. QUBIC: A qualitative biclustering algorithm for analyses of gene expression data［J］. Nucleic Acids Research, 2009, 37（15）: e101.

［65］Liu J, Wang W. OP-Clustering by tendency in high dimensional space ［C］. In: Proc. of the 3th IEEE International Conference on Data Mining（ICDM）, IEEE Press, 2003: 187-194.

［66］Madeira S C, Oliveira A L. Biclustering algorithms for biological data analysis: a survey［J］. IEEE/ACM Transactions on Computational Biology and Bioinformatics（TCBB）, 2004, 1（1）: 24-45.

［67］Malewicz G, Austern M H, Bik A J, Dehnert J C, Horn I, Leiser N, Czajkowski G. Pregel: a system for large-scale graph processing［C］. In: Proceedings of the 2010 ACM SIGMOD International Conference on Management of data（SIGMOD）, ACM, 2010: 135-146.

［68］McCreight E M. A space-economical suffix tree construction algorithm ［J］. Journal of the ACM（JACM）, 1976, 23（2）: 262-272.

［69］Murali T M, Kasif S. Extracting conserved gene expression motifs from gene expression data［C］. Proc of the 8th Pacific Symp on Biocomputing （PSB）. Singapore: World Scientific Publishing, 2003, 8: 77-88.

［70］Odibat O, Reddy C K. A generalized framework for mining arbitrarily positioned overlapping co-clusters［C］. In: Proc. of the 19th SIAM International Conference on Data Mining（SDM）, SIAM Press, 2011: 343-354.

［71］Painsky A, Rosset S. Exclusive row biclustering for gene expression using a combinatorial auction approach［C］. In: Proc. of the 13th IEEE International Conference on Data Mining（ICDM）, IEEE Press, 2012: 1056-1061.

［72］Painsky A, Rosset S. Optimal set cover formulation for exclusive row biclustering of gene expression［J］. Journal of Computer Science and Technology, 2014, 29（3）: 423- 435.

［73］Pandey G, Atluri G, Steinbach M, et al. An association analysis approach to biclustering［C］. Proc of the 15th ACM SIGKDD Int Conf on Knowledge Discovery and Data Mining（SIGKDD）. New York: ACM, 2009: 677-686.

［74］Peng W, Li T. IntClust: A software package for clustering replicated microarray data［C］. In: Proc. of the 6th IEEE International Symposium on BioInformatics and BioEngineering（BIBE）, 2006: 103-109.

［75］Pensa R G, Boulicaut J F. Constrained co-clustering of gene expression data［C］. In: Proc. of the 8th SIAM International Conference on Data Mining（SDM）, SIAM Press, 2008b: 25-36.

［76］Pensa R G, Robardet C, Boulicaut J F. Constraint-driven co-clustering of 0/1 data［J］. Constrained Clustering: Advances in Algorithms, Data Mining and Knowledge Discovery Series, 2008a: 123-148.

［77］Pensa R G, Robardet C, Boulicaut J F. Towards constrained co-clustering in ordered 0/1 data sets［C］. In: Proc. of the 16th International Symposium on Methodologies for Intelligent Systems（ISMIS）, Springer Berlin Heidelberg, 2006. 425-434.

［78］PrelićA, Bleuler S, Zimmermann P, Wille A, Bühlmann P, Gruissem W, Hennig L, Thiele1 L, Zitzler E. A systematic comparison and evaluation of biclustering methods for gene expression data［J］. Bioinformatics, 2006, 22（9）: 1122-1129.

［79］Roy S, Bhattacharyya D K, Kalita J K. Analysis of Gene Expression Patterns Using Biclustering［J］. Methods in molecular biology（Clifton, NJ）, 2015.

［80］Roy S, Bhattacharyya D K, Kalita J K. Cobi: pattern based co-regulated biclustering of gene expression data［J］. Pattern Recognition Letters, 2013, 34（14）: 1669-1678.

［81］Saber H B, Elloumi M. DNA microarray data analysis: a new survey on biclustering［J］. International Journal for Computational Biology（IJCB）, 2015, 4（1）: 21-37.

［82］Santamaría R, Therón R, Quintales L. BicOverlapper: a tool for bicluster visualization［J］. Bioinformatics, 2008, 24（9）: 1212-1213.

［83］Sill M, Kaiser S, Benner A, et al. Robust biclustering by sparse singular value decomposition incorporating stability selection［J］. Bioinformatics, 2011, 27（15）: 2089－2097.

［84］Sim K, Gopalkrishnan V, Zimek A, Cong G. A survey on enhanced subspace clustering［J］. Data Mining and Knowledge Discovery, 2013, 26: 332－397.

［85］Smet R D, Marchal K. An ensemble method for querying gene expression compendia with experimental lists［C］. In: Proc. of the 2010 IEEE International Conference on Bioinformatics and Biomedicine（BIBM）, IEEE Press, 2010: 314－318.

［86］Sun H, Miao G, Yan X. Noise－resistant bicluster recognition［C］. In: Proc. of the 13th IEEE International Conference on Data Mining（ICDM）, IEEE Press, 2013: 707－716.

［87］Tanay A, Sharan R, Shamir R. Discovering statistically significant biclusters in gene expression data［J］. Bioinformatics, 2002, 18（suppl 1）: S136－S144.

［88］Tan J, Chua K S, Zhang L, et al. Algorithmic and complexity issues of three clustering methods in microarray data analysis［J］. Algorithmica, 2007, 48（2）: 203－219.

［89］Tchagang A B, Bui K V, McGinnis T, et al. Extracting biologically significant patterns from short time series gene expression data［J］. BMC bioinformatics, 2009, 10（1）: 1.

［90］Teng L, Chan L. Discovering biclusters by iteratively sorting with weighted correlation coefficient in gene expression data［J］. Journal of Signal Processing Systems, 2008, 50（3）: 267－280.

［91］Trapp A C, Prokopyev O A. Solving the order－preserving submatrix problem via integer programming［J］. INFORMS Journal on Computing, 2010, 22（3）: 387－400.

［92］Truong D T, Battiti R, Brunato M. Discovering non－redundant overlapping biclusters on gene expression data［C］. In: Proc. of the 13th IEEE International Conference on Data Mining（ICDM）, IEEE Press, 2013: 747－756.

［93］Tseng V S, Chen L C, Kao C P. Constrained clustering for gene expression data mining［C］. In: Proc. of the 12th Pacific－Asia Conference on Ad-

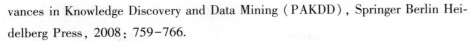

vances in Knowledge Discovery and Data Mining（PAKDD），Springer Berlin Hei-delberg Press，2008：759-766.

［94］Ukkonen E. On-line construction of suffix trees ［J］. Algorithmica，1995，14（3）：249- 260.

［95］Wang G，Yin L，Zhao Y，Mao K. Efficiently mining time-delayed gene expression patterns ［J］. IEEE Transactions on Systems，Man and Cybernet-ics，Part B，2010a，40（2）：400-411.

［96］Wang G，Zhao Y，Zhao X，Wang B，Qiao B. Efficiently mining local conserved clusters from gene expression data ［J］. Neurocomputing，2010b，73（7-9）：1425-1437.

［97］Wang H，Pei J，Yu P S. Pattern-based similarity search for microarray data ［C］. In：Proc. of the 11th ACM SIGKDD International Conference on Knowl-edge Discovery and Data Mining（SIGKDD），ACM Press，2005：814-819.

［98］Wang H，Wang W，Yang J，Yu P S. Clustering by pattern similarity in large data sets ［C］. In：Proc. of the 28th ACM SIGMOD International Con-ference on Management of Data，ACM Press，2002：394-405.

［99］Wang Z，Li G，Robinson RW，Huang X. UniBic：sequential row-based biclustering algorithm for analysis of gene expression data ［J］. Scientific Reports，2016（6）：23466.

［100］Weiner P. Linear pattern matching algorithms ［C］. In：IEEE Con-ference Record of 14th Annual Symposium on Switching and Automata Theory（SWAT），IEEE，1973：1-11.

［101］Xiao J，Wang L，Liu X，et al. An efficient voting algorithm for find-ing additive biclusters with random background ［J］. Journal of Computational Bi-ology，2008，15（10）：1275- 1293.

［102］Xie Q，Shang S，Yuan B，et al. Local correlation detection with line-arity enhancement in streaming data ［C］. Proceedings of the 22nd ACM interna-tional conference on Conference on Information and Knowledge Management（CIKM）. ACM，2013：309-318.

［103］Xue Y，Liao Z，Li M，Luo J，Kuang Q，Hu X，Li T. A new ap-proach for mining order-preserving submatrices based on all common subsequences ［J］. Computational and mathematical methods in medicine，2015a.

［104］Yang J, Wang W, Wang H, Yu P S. δ-Clusters: capturing subspace correlation in a large data sets ［C］. In: Proc. of the 18th International Conference on Data Engineering (ICDE), IEEE Press, 2002: 517-528.

［105］Yang WH, Dai DQ, Yan H. Finding correlated biclusters from gene expression data ［J］. IEEE Transactions on Knowledge and Data Engineering, 2011, 23 (4): 568-584.

［106］Yin Y, Zhao Y, Zhang B, Wang G. Mining time-shifting co-regulation patterns from gene expression data ［C］. In: Proc. of Joint 9th Asia-Pacific Web Conference on Advances in Data and Web Management (APWeb) and 8th International Conference on Web-Age Information Management (WAIM), 2007c: 62-73.

［107］Yin Y, Zhao Y, Zhang B. Identifying synchronous and asynchronous co-regulations from time series gene expression data ［C］. In: Proc. of the 11th Pacific-Asia Conference on Advances in Knowledge Discovery and Data Mining (PAKDD), 2007b: 1046-1054.

［108］Yip K Y, Kao B, Zhu X, Chui C K, Lee S D, Cheung D W. Mining order-preserving submatrices from data with repeated measurements ［J］. IEEE Transactions on Knowledge and Data Engineering, 2013, 25 (7): 1587-1600.

［109］Yoon S, Nardini C, Benini L, et al. Discovering coherent biclusters from gene expression data using zero-suppressed binary decision diagrams ［J］. IEEE/ACM Transactions on Computational Biology and Bioinformatics (TCBB), 2005, 2 (4): 339-354.

［110］Zhang M, Wang W, Liu J. Mining approximate order preserving clusters in the presence of noise ［C］. In: Proc. of the 24th International Conference on Data Engineering (ICDE), IEEE Press, 2008: 160-168.

［111］Zhang X, Wang W. An efficient algorithm for mining coherent patterns from heterogeneous microarrays ［C］. In: Proc. of the 19th International Conference on Scientific and Statistical Database Management (SSDBM), IEEE Computer Society Press, 2007: 32.

［112］Zhao H, Cloots L, Bulcke T V, Wu Y, Smet R D, Storms V, Meysman P, Engleen K, Marchal K. Query-based biclustering of gene expression data using probabilistic relational models ［J］. BMC Bioinformatics, 2011, 12 （s1）：S37.

　　［113］Zhao Y, Wang G, Yin Y, Xu G. A novel approach to revealing positive and negative co-regulated genes ［J］. Journal of Computer Science and Technology, 2007, 22 (2)：261- 272.

　　［114］Zhao Y, Wang G, Yin Y, Yu G. Mining positive and negative co-regulation patterns from microarray data ［C］. In：Proc. of the 6th IEEE International Symposium on BioInformatics and BioEngineering (BIBE), 2006：86-93.

　　［115］Zhao Y, Yu J, Wang G, Chen L, Wang B, Yu G. Maximal subspace coregulated gene clustering ［J］. IEEE Transactions on Knowledge and Data Engineering, 2008, 20 (1)：83-98.

　　［116］Zhou J, Larson P A, Chaiken R. Incorporating partitioning and parallel plans into the SCOPE optimizer ［C］. In：Proc. of the 2010 IEEE 26th International Conference on Data Engineering (ICDE), IEEE, 2010：1060-1071.

　　［117］Zou Q, Hu Q, Guo M, Wang G. HAlign：Fast Multiple Similar DNA/RNA Sequence Alignment Based on the Centre Star Strategy ［J］. Bioinformatics. 2015, 31 (15)：2475-2481.

　　［118］Zou Q, Li X, Jiang W, Lin Z, Li G, Chen K. Survey of mapreduce frame operation in bioinformatics ［J］. Briefings in Bioinformatics, 2014, 15 (4)：637-647.

　　［119］安平. 基因表达数据的双聚类分析方法研究 ［D］. 苏州大学硕士学位论文, 2013.

　　［120］陈伟, 程咏梅, 张绍武, 潘泉. 邻域种子的启发式 454 序列聚类方法 ［J］. 软件学报, 2014, 25 (5)：929-938.

　　［121］姜涛, 李战怀, 尚学群, 陈伯林, 李卫榜, 殷知磊. 基于数字签名与 Trie 的保序子矩阵约束查询 ［J］. 软件学报, 2017, 28 (8)：2175-2195.

　　［122］姜涛, 李战怀, 尚学群, 陈伯林, 李卫榜. 基因表达数据中局部模式的查询 ［J］. 计算机科学, 2016b, 43 (7)：191-196, 223.

　　［123］薛云, 傅俊檀, 李杰进, 王杜齐, 邝秋华, 张美珍, 肖化. 基于公共子序列的 OPSM 双聚类算法 ［J］. 华南师范大学学报 (自然科学版) 2015b, 47 (4)：165-171.

　　［124］闫雷鸣, 孙志挥, 吴英杰, 张柏礼. 联合聚类非线性相关的时序基因表达数据 ［J］. 计算机研究与发展, 2008, 45 (11)：1865-1873.

［125］印莹, 赵宇海, 张斌, 王国仁. 时序微阵列数据中的同步和异步共调控基因聚类［J］. 计算机学报, 2007a, 30（8）: 1302-1314.

［126］岳峰, 孙亮, 王宽全, 王永吉, 左旺孟. 基因表达数据的聚类分析研究进展［J］. 自动化学报, 2008, 34（2）: 113-120.

［127］邹权, 郭茂祖, 刘扬, 王峻. 类别不平衡的分类方法及在生物信息学中的应用［J］. 计算机研究与发展, 2010, 47（8）: 1407-1414.